MATHE

arbeitsblätter
geometrie
klasse 5 und 6

REINHARD SCHMITT-HARTMANN

Ernst Klett Verlag

stuttgart düsseldorf leipzig

Hinweis

Ausschließlich zur besseren Lesbarkeit der Texte wurde statt der Formulierung „Schülerinnen und Schüler" bzw. „Lehrerinnen und Lehrer" weitgehend die Formulierung „Schüler" und „Lehrer" gewählt.

1. Auflage   1 8 7 6 5 4 │ 2012 2011 2010 2009 2008

Alle Drucke dieser Auflage können im Unterricht nebeneinander benutzt werden, sie sind untereinander unverändert. Die letzte Zahl bezeichnet das Jahr dieses Druckes.

Redaktion: Kerstin Leonhardt-Botzet
Umschlaggestaltung: KOMA AMOK, Kunstbüro für Gestaltung, Stuttgart.
Foto: Mauritius, Marcos Welsh
Illustrationen: Mathias Hütter, Schwäbisch Gmünd.
Druck: Druckhaus Götz GmbH, Ludwigsburg. Printed in Germany.

ISBN 3-12-720015-3

Inhaltsverzeichnis

Einleitung

„Nur wenn man nicht auf den Nutzen nach außen, sondern in die Mathematik selbst sieht, bemerkt man das eigentliche Gesicht dieser Wissenschaft."

Robert Musil

Freiwilliges und selbstbestimmtes Lernen in der Schule scheint zunächst ein Widerspruch zu sein. Freies Spielen oder vielleicht freies Nichtstun in der Schule wäre den meisten Schülern sicher sehr willkommen – aber freiwilliges Lernen? Aus Lehrersicht eine schöne Vorstellung, die sich aber im Schulalltag nur bei wenigen Schülern bewahrheitet. Wie sollte auch ein freies Lernen in der Schule entstehen können, wenn Unterrichtsinhalte von vornherein nicht frei, sondern durch Lehrpläne klar festgelegt sind?

Dass das Arbeiten und Lernen in der Schule – trotz vorgegebener Lehrplaninhalte – freiwillig erfolgen kann, beobachtet man allenfalls in den unteren Schulklassen. Später aber, wenn der Leistungsdruck zunimmt, verschiebt sich das freiwillige Lernen zu einem zweckgerichteten Lernen. Das Resultat des Lernens in Form von Noten gewinnt gegenüber der Neugierde und dem Bedürfnis nach neuem Wissen an Gewicht. Folgen dieser „normalen Entwicklung" sind bei vielen Schülern Lernunlust und die damit verbundenen Konzentrationsschwierigkeiten oder regelrechte Lernblockaden.

Der offene Unterricht versucht dieser Entwicklung entgegenzuwirken. Er bietet Schülern die Möglichkeit, in kleinen, selbst gewählten Lernschritten zu arbeiten. Ein besonderer Vorteil dieser Arbeitsform liegt in den vielfältigen Entscheidungsmöglichkeiten der Schüler: Sie erlauben ein zielgerichtetes und damit ökonomisches Lernen. Jeder Schüler kann selbst entscheiden, ob er bereits behandelten Stoff wiederholen oder sich neuen erarbeiten will, ob er eine leichte oder schwere Aufgabe bearbeiten möchte, ob er alleine oder mit anderen Schülern in einer Gruppe lernen will. Er kann das Lernen auf seine individuellen Bedürfnisse abstimmen; die vielfach geforderte Binnendifferenzierung lässt sich im offenen Unterricht ideal verwirklichen.

Nun mögen bei all den genannten Entscheidungsfreiheiten seitens der Schüler Bedenken aufkommen, ob diese Lernform nicht automatisch früher oder später ins allgemeine Chaos führt. Doch diese Befürchtung wird durch die Praxis keineswegs bestätigt. Vielmehr schafft der offene Unterricht ein Lernklima, in dem Schüler nicht nur den fachbezogenen Stoff lernen, sondern darüber hinaus das selbstständige und eigenverantwortliche Arbeiten trainieren. Sie gewinnen damit Schlüsselqualifikationen, die sie für ein erfolgreiches Lernen auch und besonders in den höheren Klassen benötigen.

Das Grundkonzept

Das vorliegende Buch enthält Kopiervorlagen für den offenen Unterricht im Bereich „Geometrie". Die Materialien wurden so konzipiert, dass die Schüler den Lernstoff abwechslungsreich selbst erarbeiten und festigen können: In jeder Lerneinheit stehen den Schülern Info-Blätter, Spiele-Blätter sowie Übungsblätter mit Selbstkontrolle zur Verfügung. Ferner wurde darauf geachtet, dass der erforderliche zeitliche wie finanzielle Aufwand für den Lehrer in der Vor- und Nachbereitung gering bleibt.

Alle Kopiervorlagen sind im DIN A5-Format vorgegeben, wodurch der Bearbeitungsumfang der einzelnen Blätter für die Schüler überschaubar bleibt.

Die fünf Kapitel des Buches sind jeweils in vier Unterkapitel eingeteilt, von denen jedes ein eigenes Thema behandelt.

Jedes Kapitel enthält:
1 Start-Seite
1 Protokoll-Seite und
4 Unterkapitel,

jedes Unterkapitel:
1 Info-Blatt
1 Spiele-Blatt
4 Übungsblätter und
1 oder 2 Lösungsblätter.

Alle Blätter eines Unterkapitels werden – bis auf die Lösungsblätter – in ausreichender Anzahl kopiert und den Schülern zu Beginn der Stunde bereitgestellt.

Die Schüler wählen sich zunächst ein oder mehrere Blätter aus, bearbeiten sie und kontrollieren sie anschließend selbstständig.

Auf dem *Info-Blatt* befindet sich ein kurzer Informationstext zum jeweiligen Thema. Der Schüler kann sich so den Stoff bei Bedarf noch einmal selbst aneignen oder wiederholen.

Weiterhin stehen ihm vier *Übungsblätter* zur Verfügung, die nach drei Schwierigkeitsgraden unterteilt sind. Dabei bedeutet die Kopfzeilensymbolik:

    leichte Aufgaben
    mittelschwere Aufgaben
    schwere Aufgaben.

(Um diese unterschiedlichen Schwierigkeitsgrade zusätzlich optisch hervorzuheben, können die Blätter z. B. auf unterschiedlich gefärbtes Papier kopiert werden.)

Alle Übungsblätter sind so erstellt, dass die Schüler sie selbstständig bearbeiten können. Zum besseren Verständnis ist auf den Übungsblättern die jeweils erste Lösung bereits mit Lösungsweg angegeben.

Die anschließende Überprüfung der Übungsblätter können die Schüler ebenfalls selbstständig mit den *Lösungsblättern* durchführen. (Zur besseren Überprüfung der Grafiken bietet es sich an, die Lösungen auf eine Folie zu kopieren, sodass die Schüler ihre Zeichnungen einfach durch Auflegen der Lösungs-Folien auf ihr Übungsblatt kontrollieren können.)

Die Lösungsblätter stehen den Schülern z. B. in gesonderten Ordnern zur Verfügung und dürfen ausschließlich zur Überprüfung verwendet werden.

Stimmt ein Ergebnis nicht mit der vorgegebenen Lösung überein, versuchen die Schüler die Aufgaben erneut zu bearbeiten. Sollte es ihnen auch im zweiten Versuch nicht gelingen, die Aufgabe richtig zu lösen, können sie ihren Lehrer oder – noch besser – einen Mitschüler um Hilfe bitten.

Am Ende der Stunde werden die Blätter zur Korrektur vom Lehrer eingesammelt.

Schließlich enthält jedes Unterkapitel ein *Spiel*, das die Schüler allein oder in Kleingruppen durchführen können. Die für ein Spiel notwendigen Materialien sind zur besseren Übersicht in der Spielbeschreibung unterstrichen.

Bei einigen Spielen ist es sinnvoll, sie auf DIN A4-Format zu vergrößern oder auf Karton zu kopieren. Diese Blätter sind in der Kopfzeile zusätzlich mit folgenden Symbolen gekennzeichnet:

 (auf DIN A4 vergrößern)

 (auf Karton kopieren)

Die beste Haltbarkeit erzielt man bei Spielekärtchen, indem die kopierten Blätter zunächst laminiert und anschließend zerschnitten werden.

Für den Einsatz mehrerer gleicher Kartensätze ist es hilfreich, die Vorlagen auf unterschiedlich gefärbtes Papier zu kopieren; so lassen sich die verschiedenen Kartensätze leichter wieder trennen. Darüber hinaus sind auf den Kärtchen Kennungen mit den Kapitel- und Unterkapitelnummern verzeichnet, die die Zuordnung zur Spielbeschreibung vereinfachen sollen.

Zur Lösung der Spiele können die Schüler das *Lösungskärtchen* mit der *Lösungstabelle* (Beschreibung und Kopiervorlage auf Seite 93) verwenden.

Für die Herstellung weiterer Arbeitsblätter finden sich schließlich im letzten Kapitel einige Kopiervorlagen. So lässt sich die Sammlung beliebig erweitern und die Aufgaben individuell auf den jeweiligen Unterrichtsstoff abstimmen. (Erhalten darüber hinaus die Schüler die Möglichkeit, sich an der Erstellung der Übungsblätter zu beteiligen, befassen sie sich bereits in der Vorbereitungsphase mit dem Unterrichtsstoff – und zwar aus einer für die Schüler sehr motivierenden, weil neuen Perspektive!)

Das Ordner-System

Selbstverständlich lassen sich die Arbeitsblätter auch in anderer Form einsetzen.

So können die Schüler ihre Arbeitsblätter in Ordnern abheften, die der Lehrer nach einem festen oder variablen Zeitraum einsammelt und kontrolliert. Es empfiehlt sich vorzugeben, wie viele Blätter bis zu welchem Zeitpunkt als Pflichtprogramm bearbeitet werden sollten.

Zur besseren Übersicht erhalten die Schüler eine *Protokoll-Seite* (Kopiervorlagen jeweils zu Beginn eines Kapitels). Bearbeitete Übungsblätter oder Spiele werden auf der Protokoll-Seite mit Datum festgehalten. Weiterhin kreuzen sie an, ob für sie die Bearbeitung des Blattes im Schwierigkeitsgrad

zu leicht	😐,	
genau richtig	🙂	oder
zu schwer	🙁	war.

Diese Angaben verschaffen dem Lehrer eine schnelle Übersicht. Auf der grau unterlegten Fläche kann der Lehrer das Blatt bei der Durchsicht als kontrolliert abzeichnen oder mit einer kurzen Bemerkung versehen:

Ausschnitt einer Protokoll-Seite

Datum	😐 zu leicht	🙂 genau richtig	🙁 zu schwer	Lehrer/-in
5.10.		✗		*SH*
5.10.		✗		*SH*
12.10.	✗			*Bitte Aufgabe e verbessern!*

Ausschnitt des Protokoll-Blatts

Das im Folgenden vorgestellte Verfahren ist zwar in der (einmaligen) Vorbereitung etwas aufwändiger, bietet aber den Vorteil, dass der Lehrer nicht jede Stunde neue Arbeitsblätter kopieren muss.

Die Blätter werden jeweils in geringerer Stückzahl auf Karton kopiert oder besser noch laminiert. Die so erstellten Arbeitskarten werden den Schülern in dafür vorgesehenen Kästen oder Fächern bereitgestellt.

Während der Arbeitsphase können sich die Schüler Arbeitskarten aussuchen und an ihren Platz nehmen. Die Ergebnisse werden nun aber nicht auf die Arbeitskarten selbst, sondern auf einem Ergebnis-Blatt notiert (Kopiervorlage auf Seite 94 oder handelsübliche Blätter verwenden). Anschließend werden die Arbeitskarten wieder in die entsprechenden Kästen zurückgelegt, so dass der nächste Schüler sie bearbeiten kann. Die Ergebnis-Blätter werden am Ende der Stunde zur Korrektur eingesammelt.

Hallo zusammen, wir sind Klipp & Klärchen, die cleveren Lerner von heute!
Ehrlich gesagt, früher war Lernen für uns eher mühselig und lästig! Aber seit wir so lernen, wie es uns gefällt, ist Lernen gar nicht mehr so langweilig. Wie das geht? Ganz einfach:
Das Wichtigste dabei ist, dass du genau das lernst, was für dich am besten ist! So einfach ist das! Wenn du den Stoff erst einmal wiederholen willst, liest du dir zunächst das *Info-Blatt* durch; hier findest du in Kürze die wichtigsten Informationen. Du kannst dir aber auch direkt ein *Übungsblatt* auswählen. Hier gilt: Bist du in einem Gebiet noch unsicher, suchst du dir einfache Übungen aus; die findest du auf den Zetteln mit einem Birnchen (💡). Hast du den Stoff hingegen schon halb verstanden, kannst du dir ruhig einen Zettel mit mittelschweren Aufgaben (💡💡) vornehmen. Wenn du bei einem Thema schließlich das Gefühl hast, dass der Stoff wirklich sitzt, kannst du bedenkenlos zu einem Zettel mit drei Birnchen (💡💡💡) greifen – auf denen findest du wirklich Aufgaben für Experten! Das ist im Wesentlichen schon alles. Wie du nun überprüfst, ob du auch richtig gelernt hast, erklärt dir am besten Klärchen. Also dann bis demnächst, dein

Klipp

So, jetzt weißt du ja bereits, wie man sich das richtige Arbeitsblatt auswählt. Bleibt noch die Frage, wie du deine Ergebnisse überprüfen kannst. Hierzu gibt es extra *Lösungs-Blätter* mit allen Lösungen! Als Schlüssel musst du die Blattnummer im oberen Teil des Arbeitsblattes verwenden.
Zur Abwechslung gibt es dann noch ein ganz besonderes Bonbon: Von Zeit zu Zeit darfst du allein oder mit Klassenkameraden auch einmal Mathematik spielen. Zu jedem Thema gibt es immer ein Spiel. Hierbei wünschen wir schon jetzt viel Vergnügen! Schließlich erhältst du noch ein *Protokoll-Blatt*. Auf ihm kannst du eintragen, was du erledigt hast.
Neben dem Datum kreuzt du an, ob du den Schwierigkeitsgrad des Übungsblattes zu leicht (☺), genau richtig (☺) oder zu schwer (☹) fandest.
So gewinnst du (und vielleicht auch deine Lehrerin oder dein Lehrer) einen guten Überblick über deine Arbeit.
Also dann viel Erfolg beim neuen Lernen, dein

Klärchen

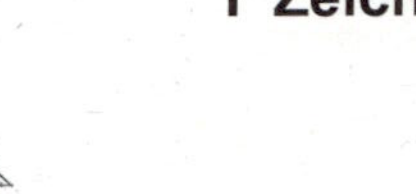

Einheit	Blatt	💡 . . .	Datum	☺ zu leicht	☺ genau richtig	☹ zu schwer	Lehrer/-in
I-1 Achsensymmetrie – Orthogonale Geraden	Info						
	Spiel	💡💡					
	Übung 1	💡					
	Übung 2	💡💡					
	Übung 3	💡💡					
	Übung 4	💡💡💡					
I-2 Parallele Geraden und Parallelogramme	Info						
	Spiel	💡💡					
	Übung 1	💡					
	Übung 2	💡💡					
	Übung 3	💡					
	Übung 4	💡💡					
I-3 Figuren im Gitter	Info						
	Spiel	💡					
	Übung 1	💡					
	Übung 2	💡					
	Übung 3	💡💡					
	Übung 4	💡💡💡					
I-4 Punktsymmetrie	Info						
	Spiel	💡💡					
	Übung 1	💡					
	Übung 2	💡					
	Übung 3	💡💡					
	Übung 4	💡					

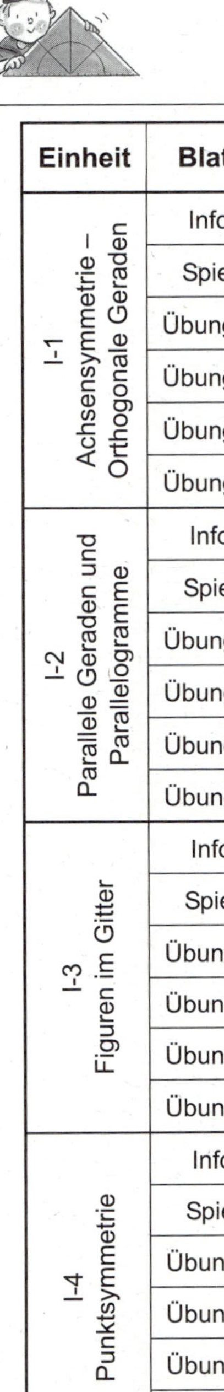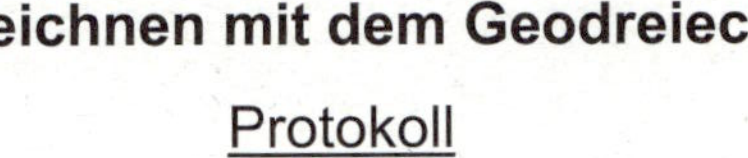

I-1 Achsensymmetrie – Orthogonale Geraden

Info

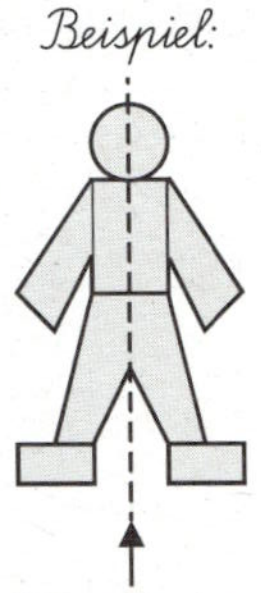

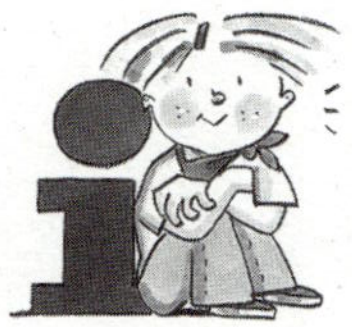

I-1 Achsensymmetrie – Orthogonale Geraden

Spiel: Der Flickenteppich

Spielbeschreibung

Der abgebildete Flickenteppich hat zwei Symmetrieachsen. Leider haben sich fünf Fehler im Muster eingeschlichen. Kannst du sie finden?

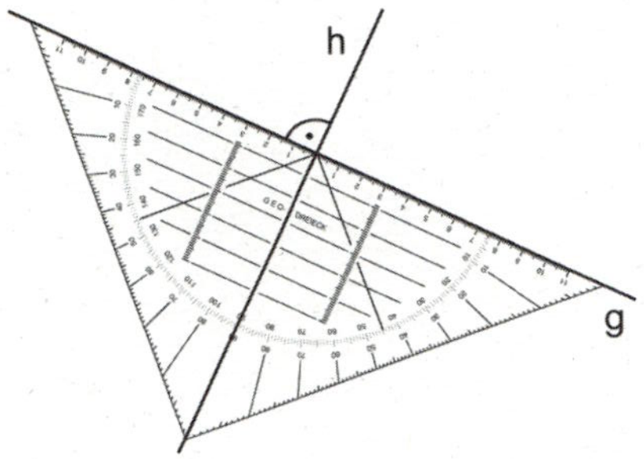

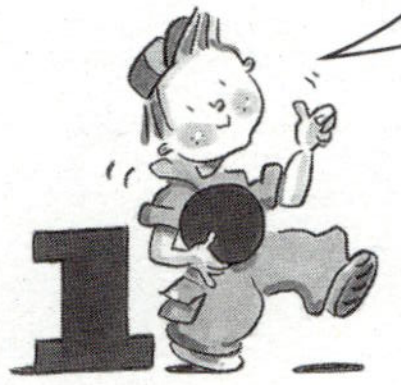

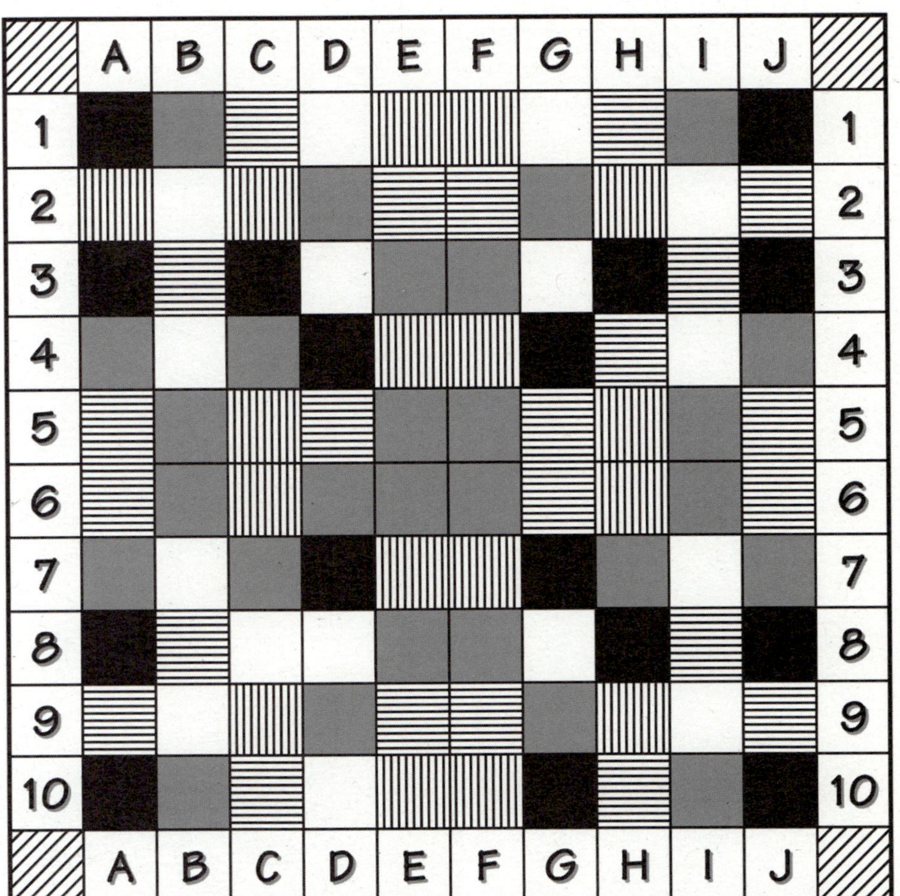

I-1 Achsensymmetrie – Orthogonale Geraden

Übung 1

Name: ___________________

Zeichne in den abgebildeten Figuren alle Symmetrieachsen ein.

I-1 Achsensymmetrie – Orthogonale Geraden

Übung 2

Name: ___________________

Ergänze die Figuren so, dass die Geraden g Symmetrieachsen sind.

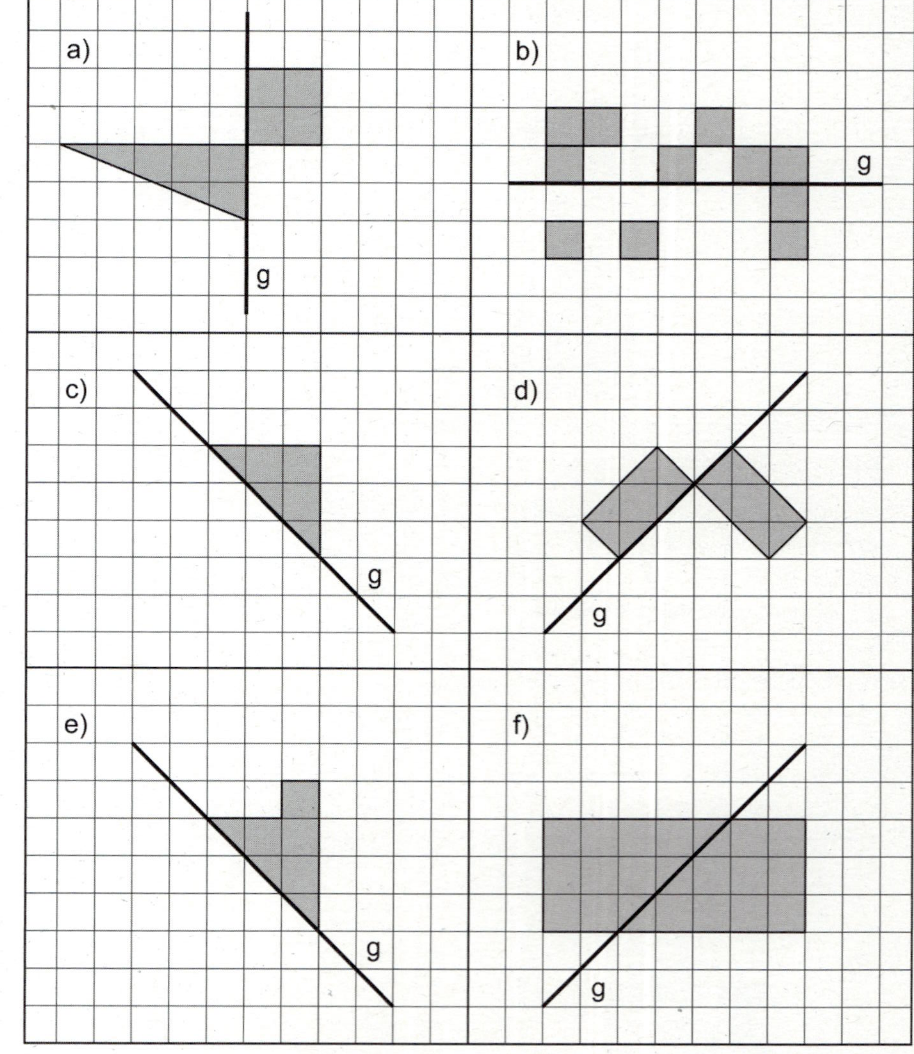

I-1 Achsensymmetrie – Orthogonale Geraden

Übung 3

Name: _______________

Überprüfe mit dem Geodreieck, welche Geraden orthogonal sind und gib
die Lagebeziehung der orthogonalen Geraden an.

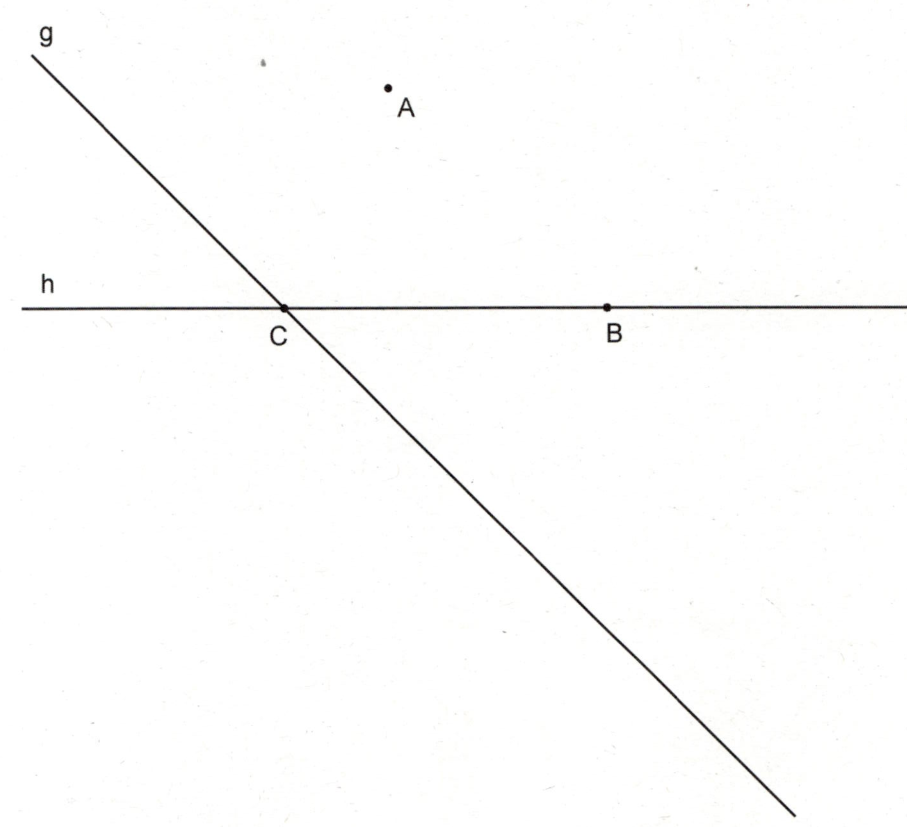

$m \perp n,$

I-1 Achsensymmetrie – Orthogonale Geraden

Übung 4

Name: _______________

Zeichne durch jeden der drei Punkte A, B und C eine orthogonale Gerade
zur Geraden g und eine orthogonale Gerade zu h.

I-1 Achsensymmetrie – Orthogonale Geraden

Lösungen

Übung 1	Übung 2

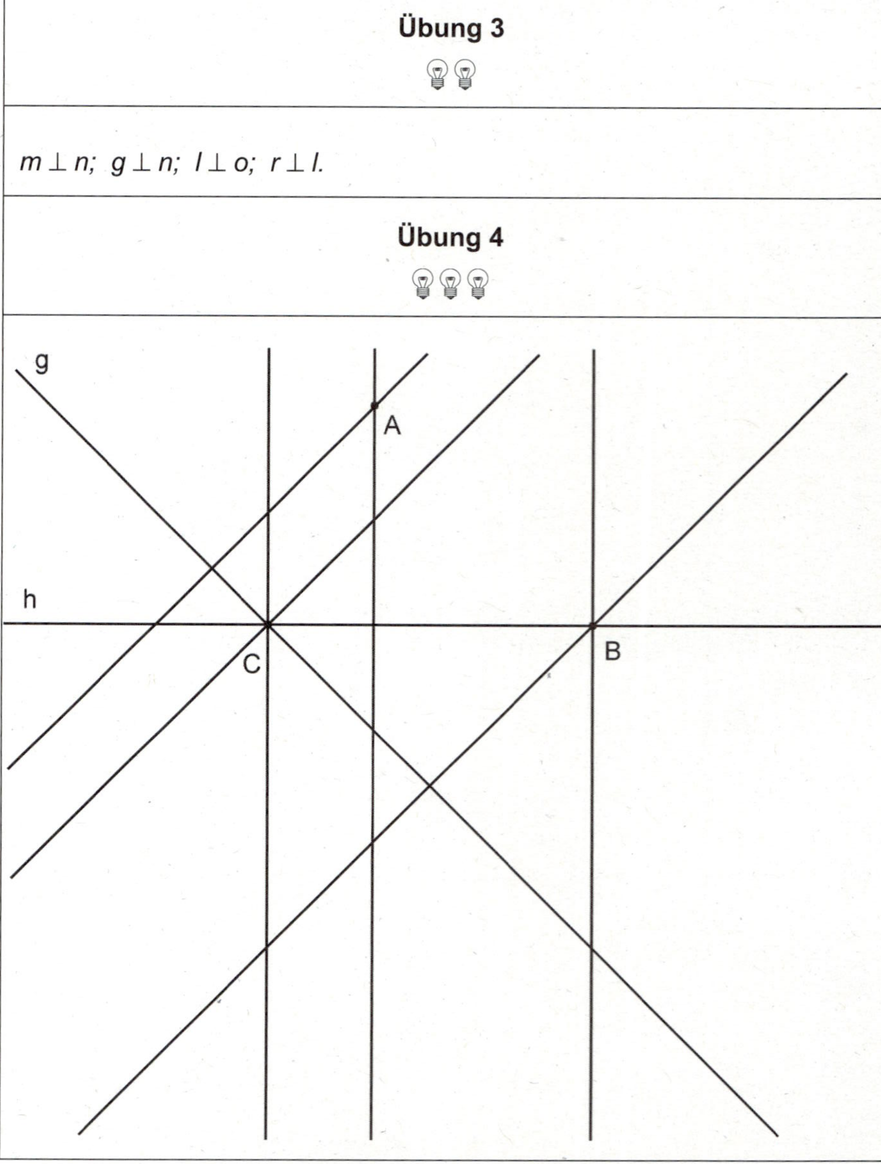

I-1 Achsensymmetrie – Orthogonale Geraden

Lösungen

Übung 3

$m \perp n;\ g \perp n;\ l \perp o;\ r \perp l.$

Übung 4

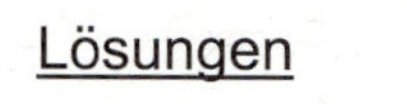

I-2 Parallele Geraden und Parallelogramme

Info

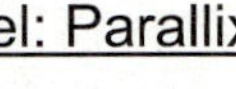

Mit dem Geodreieck können wir überprüfen, ob zwei Geraden parallel sind, oder parallele Geraden zeichnen:

Wenn die Geraden g und h parallel zueinander liegen, schreiben wir: g ∥ h.

Parallele Geraden haben keinen Schnittpunkt.

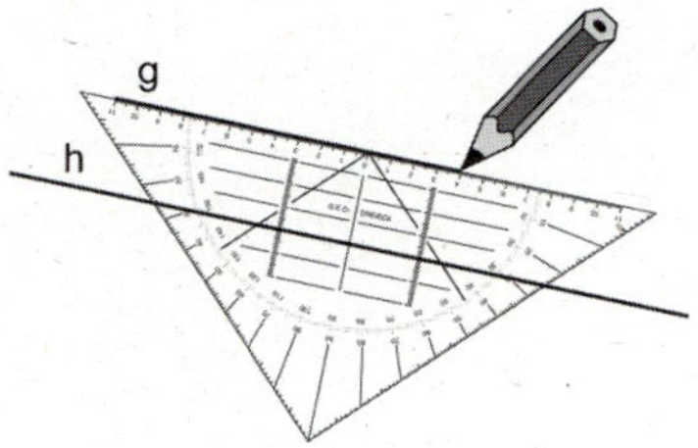

Vierecke, bei denen gegenüberliegende Seiten parallel sind, heißen Parallelogramme. Rechtecke, Rauten und Quadrate sind besondere Parallelogramme.

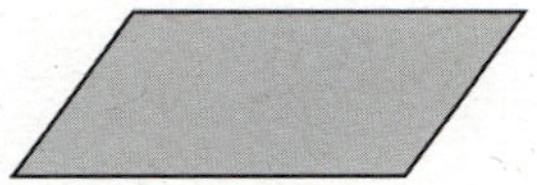

13

I-2 Parallele Geraden und Parallelogramme

Spiel: Parallix

Spielbeschreibung

Gesucht ist ein Lösungswort. Um es zu bestimmen, musst du zunächst durch die Punkte *1* bis *6* jeweils eine Parallele zur Geraden g zeichnen. Dann liegt auf jeder Parallele genau ein weiterer Punkt. Die Buchstaben dieser Punkte ergeben der Reihe nach als Lösungswort den Namen eines alten Mathematikers.

I-2 Parallele Geraden und Parallelogramme

Übung 1

Name: _______________

Zeichne zunächst durch jeweils zwei Punkte eine Gerade (dabei entstehen 15 Geraden). Bezeichne anschließend die Gerade und überprüfe, welche parallel zueinander liegen.

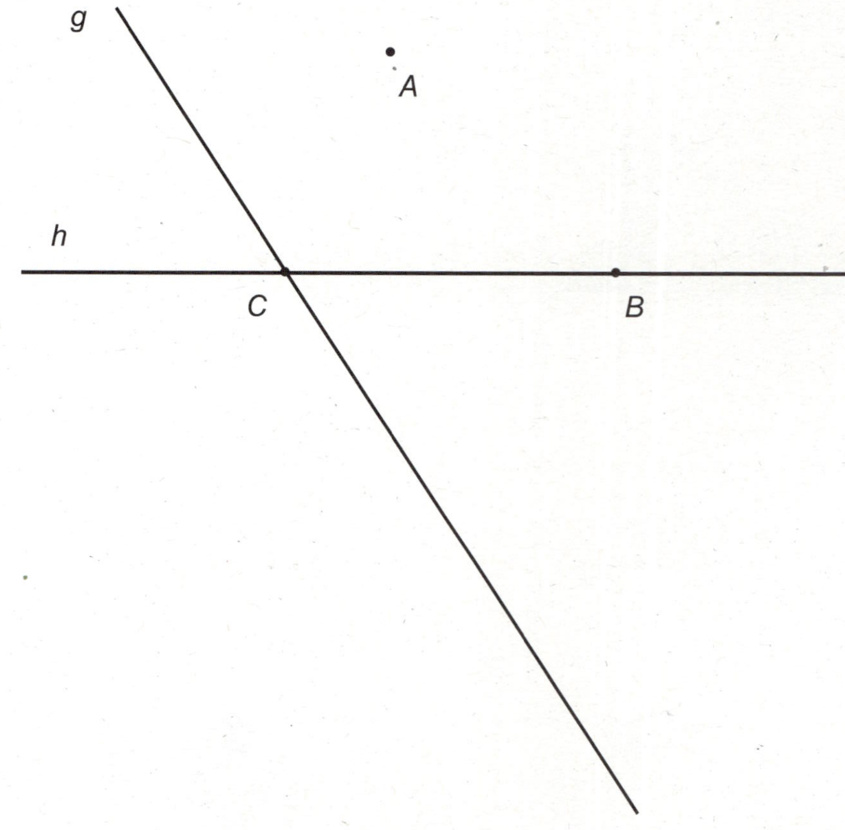

$AC \parallel EF;$

I-2 Parallele Geraden und Parallelogramme

Übung 2

Name: _______________

Zeichne durch jeden der drei Punkte A, B und C eine parallele Gerade zur Geraden g und eine parallele Gerade zu h.

Übung 4

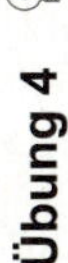

Name: _______________

Ergänze die folgenden Strecken zu Parallelogrammen.

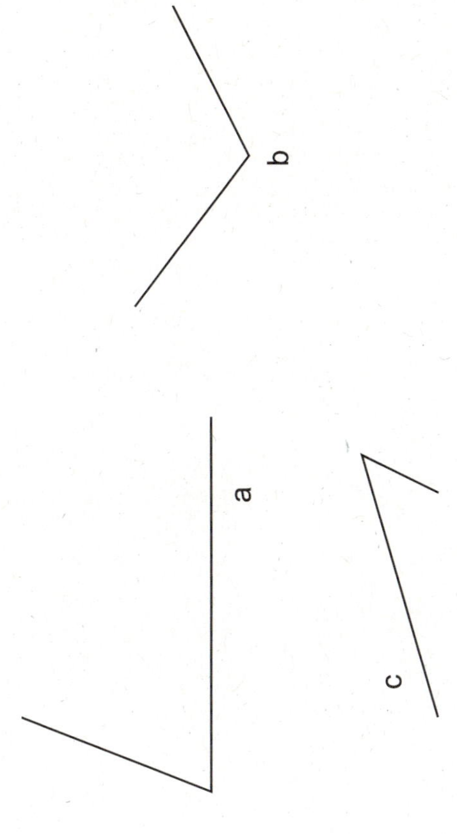

Übung 3

Name: _______________

Welche der folgenden Figuren sind Parallelogramme?

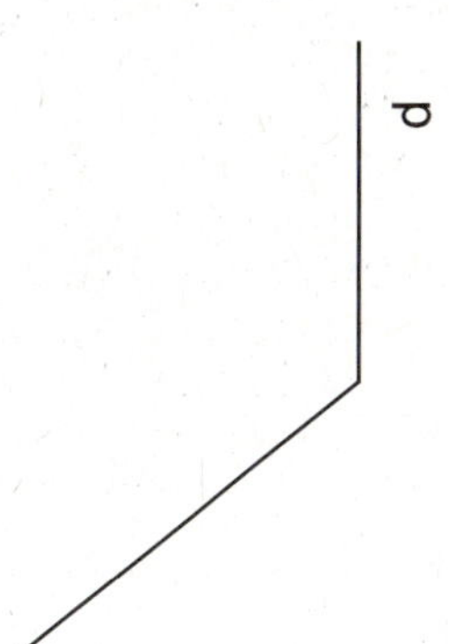
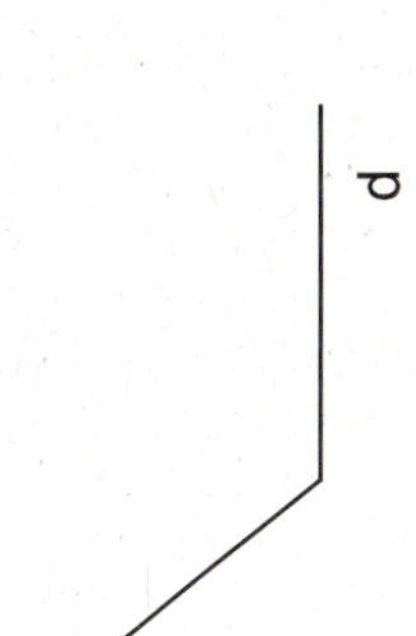
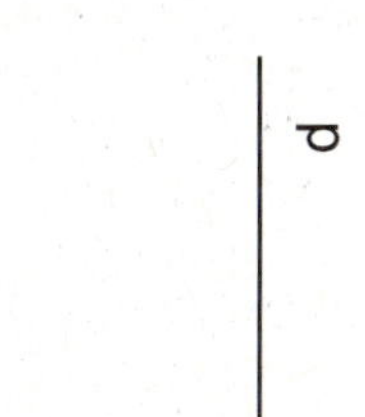

Lösungen

Übung 1

$AC \parallel EF, \quad CE \parallel AF, \quad CD \parallel EB, \quad DE \parallel BC$

Übung 2

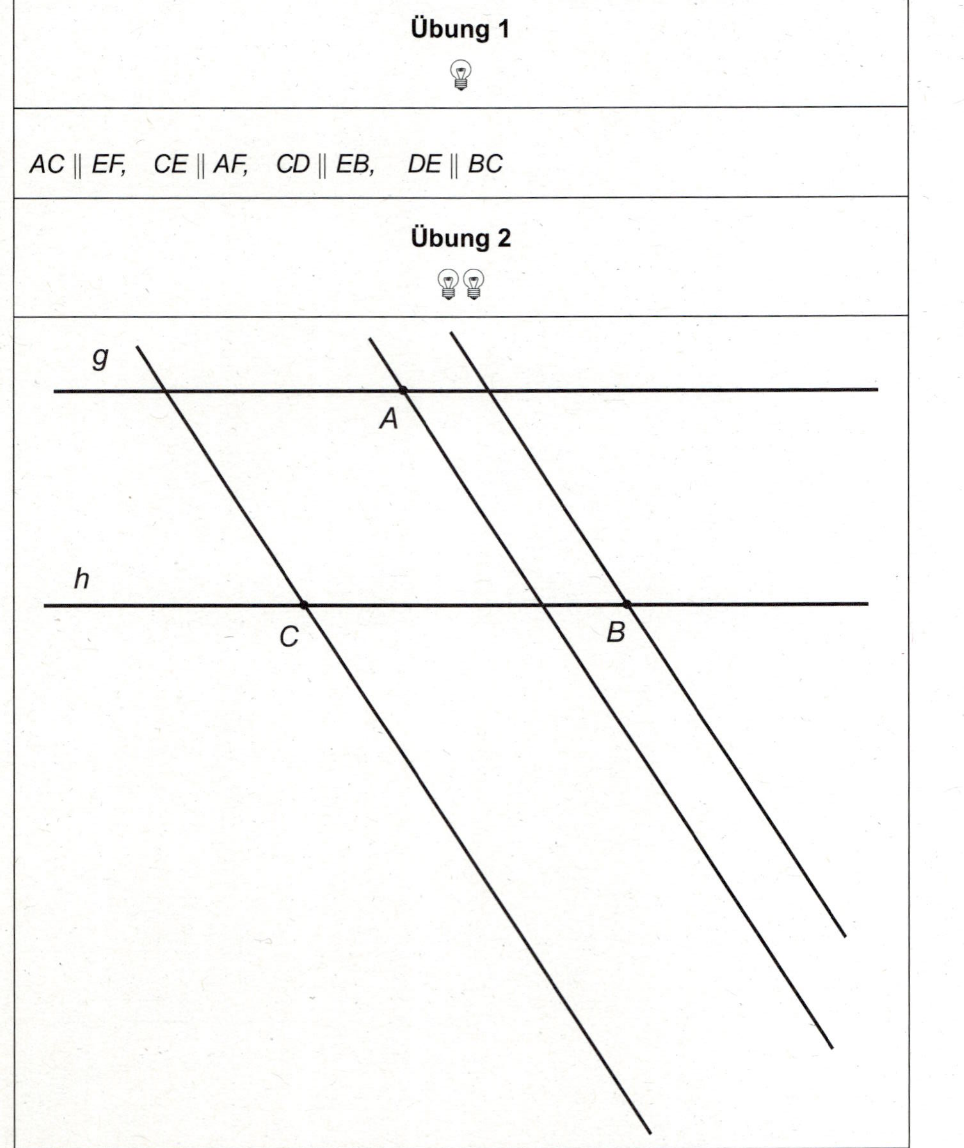

Lösungen

Übung 3

a; c; e; f; g; i; j

Übung 4

Mit einem Gitter können wir die Lage eines Punktes in einer Ebene beschreiben. Der Punkt P(3|4) hat die beiden Gitterzahlen 3 und 4. Sie geben an, wie man vom Ursprung des Gitters (Schnittpunkt der beiden Achsen) zum Punkt P gelangt.
Die erste Zahl (die 3) gibt an, dass man zunächst 3 Schritte nach rechts gehen muss und die zweite Zahl (4), dass man 4 Schritte nach oben gehen muss. (Die Reihenfolge der beiden Zahlen ist also sehr wichtig!)

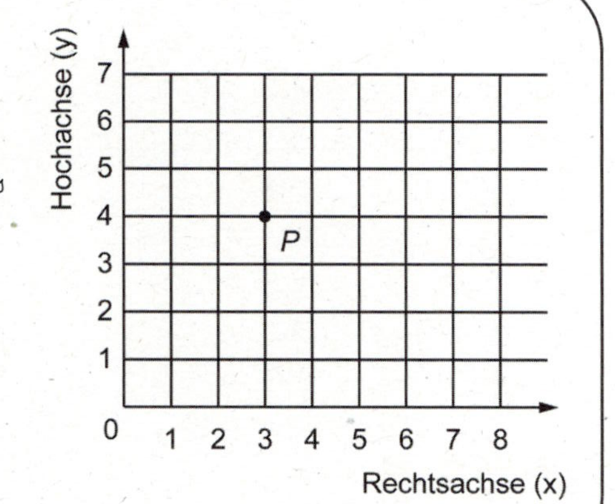

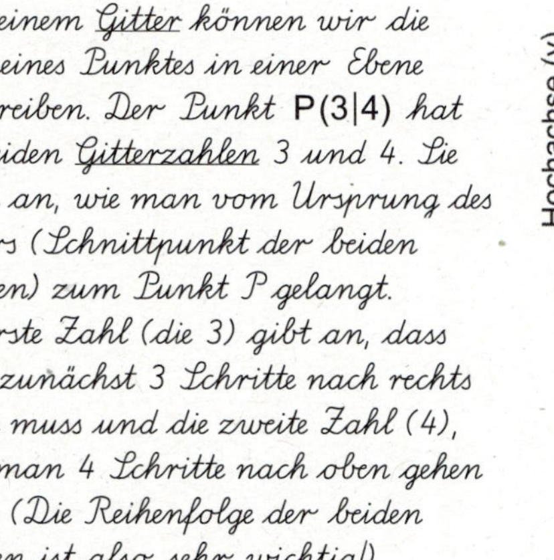

Spielbeschreibung

Dieses Spiel könnt ihr zu zweit oder zu dritt spielen.
Der erste Spieler eröffnet das Spiel, indem er mit zwei <u>verschiedenfarbigen Würfeln</u> den x-Wert und den y-Wert eines Punktes bestimmt. Anschließend trägt er den Punkt in das abgebildete Gitter mit einem farbigen Stift ein. Nun können die weiteren Spieler in gleicher Weise die Gitterzahlen für ihre ersten Punkte bestimmen und sie mit anderen Farben in das Gitter zeichnen.
Dieses Vorgehen setzt ihr reihum fort, bis ein Spieler drei Punkte in einer waagerechten, senkrechten oder diagonalen Reihe hat.

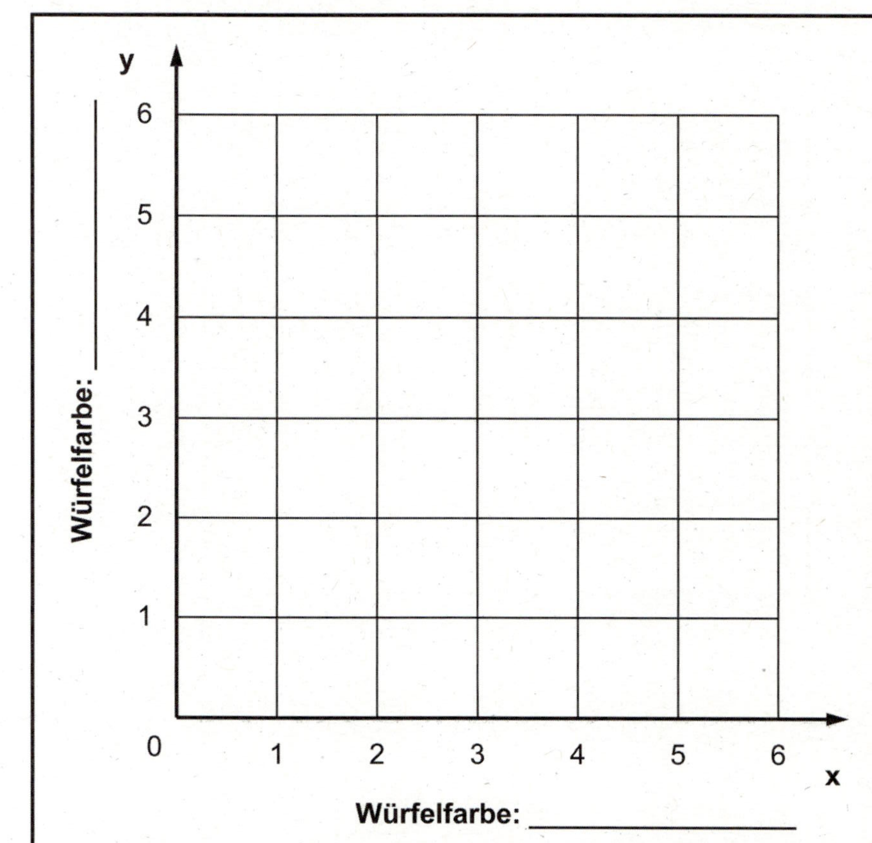

Name: _______________________________

Bestimme die Gitterzahlen der Punkte A bis F.

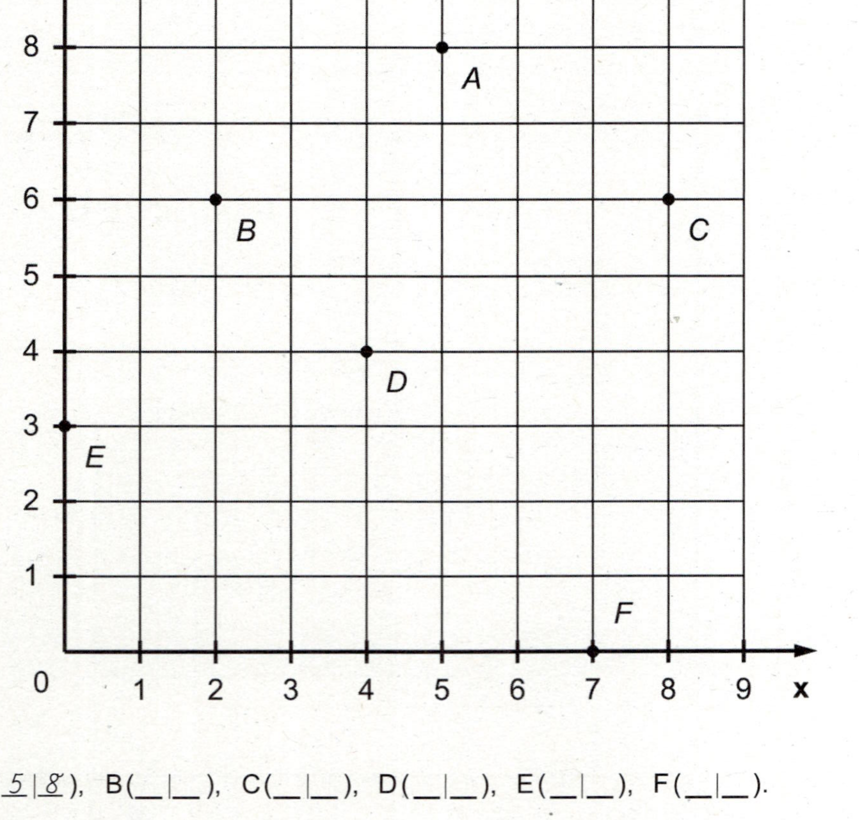

A($\underline{5}$|$\underline{8}$), B(__|__), C(__|__), D(__|__), E(__|__), F(__|__).

Name: _______________________________

Trage die folgenden Punkte in ein Gitter ein und verbinde sie der Reihe nach.
A(2|3), B(3|5), C(4|5), D(4|3), E(7|3), F(7|2), G(9|2), H(8|0),
I(2|0), J(0|2), K(2|2), A(2|3).

I-3 Figuren im Gitter

Übung 3 

Name: _______________________________

Zeichne ein Gitter und bestimme anschließend alle Gitterpunkte, die innerhalb des Dreiecks mit den Eckpunkten $P_1(1|1)$, $P_2(7|2)$ und $P_3(4|6)$ liegen.

I-3 Figuren im Gitter

Übung 4 

Name: _______________________________

Bestimme jeweils den vierten Punkt so, dass ein Parallelogramm entsteht, dessen Ecken A, B, C und D gegen den Uhrzeigersinn angeordnet sind.

a) $A_1(0|1)$, $B_1(3|1)$, $C_1(4|5)$ b) $A_2(4|1)$, $B_2(7|0)$, $C_2(9|1)$
c) $A_3(8|4)$, $B_3(8|8)$, $C_3(7|9)$ d) $A_4(3|7)$, $B_4(4|8)$, $C_4(3|9)$

Lösungen

Übung 1

Übung 2

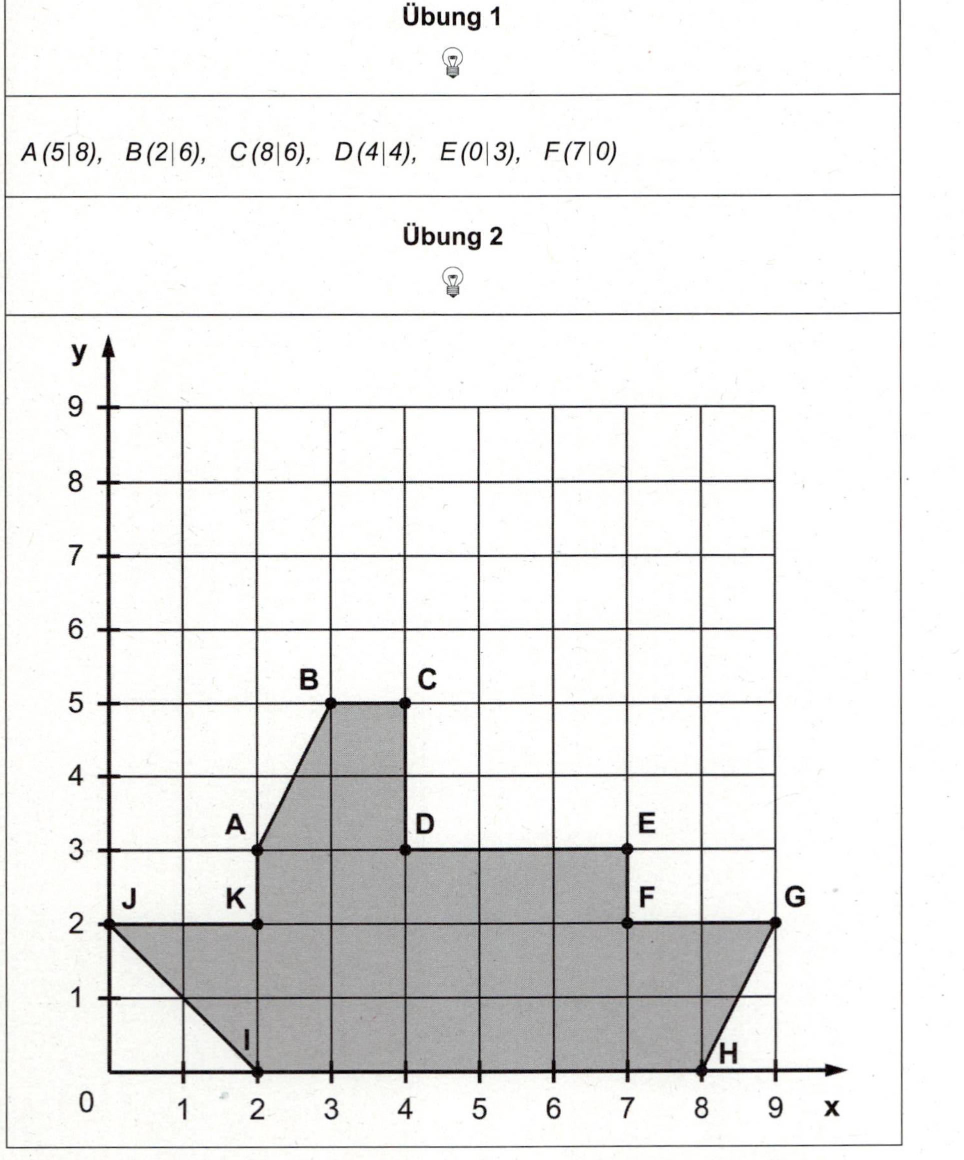

Lösungen

Übung 3

$A(4|5)$, $B(3|4)$, $C(4|4)$, $D(5|4)$, $E(3|3)$, $F(4|3)$, $G(5|3)$, $H(6|3)$, $I(2|2)$, $J(3|2)$, $K(4|2)$, $L(5|2)$, $M(6|2)$.

Übung 4

$A(5|8)$, $B(2|6)$, $C(8|6)$, $D(4|4)$, $E(0|3)$, $F(7|0)$

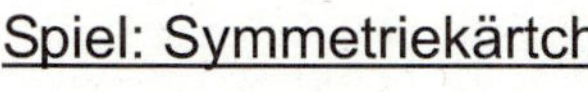

Spielbeschreibung

Dieses Spiel könnt ihr zu zweit spielen.
Schneidet zur Vorbereitung des Spieles die Kärtchen mit einer Schere entlang den fetten Linien aus. Anschließend müsst ihr die Kärtchen mischen und gleichmäßig verteilen, so dass jeder Spieler 20 Kärtchen erhält.

Spieler 1 eröffnet das Spiel, indem er mit maximal sieben Kärtchen eine Figur legt. Hierbei muss er allerdings beachten, dass jedes Kärtchen mit mindestens einer Kante an ein anderes Kärtchen grenzt.

Spieler 2 muss nun mit seinen Kärtchen versuchen die Figur so zu ergänzen, dass sie punktsymmetrisch wird. Gelingt ihm das, erhält Spieler 2 einen Punkt, andernfalls erhält Spieler 1 den Punkt. Anschließend erhält der Spieler die Kärtchen, der keinen Punkt in dieser Runde erzielen konnte.
Die zweite Runde eröffnet nun in gleicher Weise Spieler 2.

Gewonnen hat der Spieler, der zum Schluss die meisten Punkte sammeln konnte.

Name: _______________________

Welche Abbildungen sind punktsymmetrisch?

a) 

b)

c) 

d) 

e)

f)

Name: _______________________

Male das Muster so aus, dass ein punktsymmetrisches Bild entsteht.

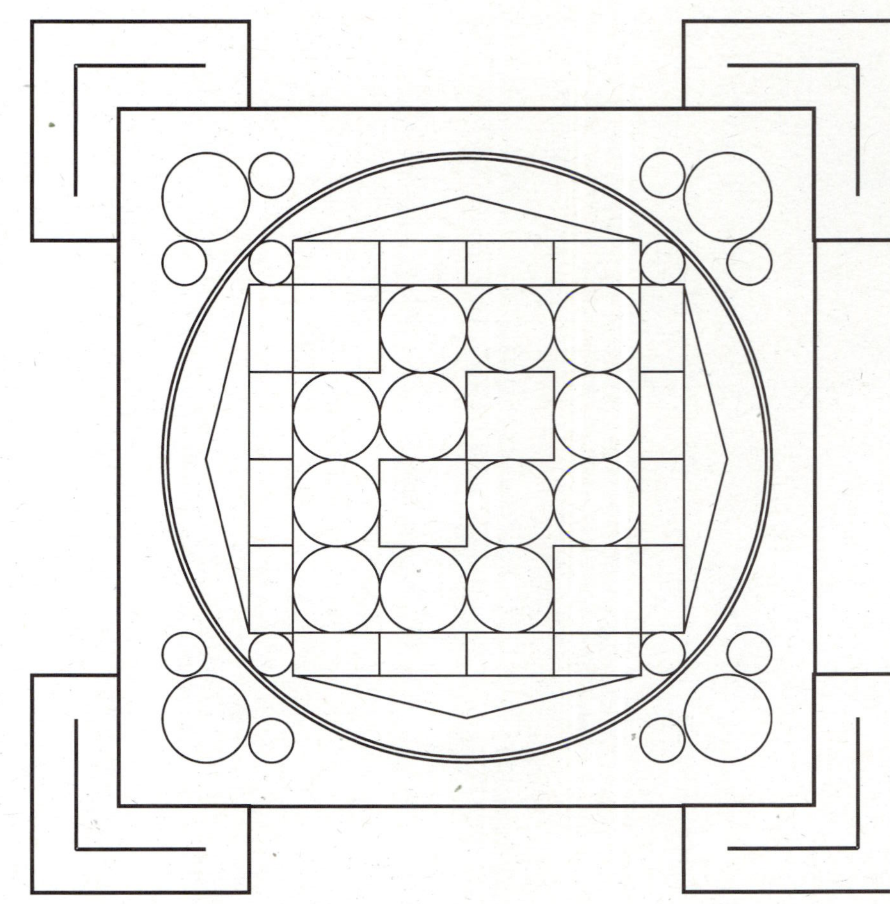

Übung 3

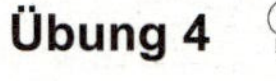

Name: _______________________

Bestimme die Symmetriezentren der folgenden punktsymmetrischen Figuren.

a)

b)

c)

d)

e)

f)

Übung 4

Name: _______________________

Finde heraus, welche der Geradenpaare punktsymmetrisch zum Symmetriezentrum Z liegen.

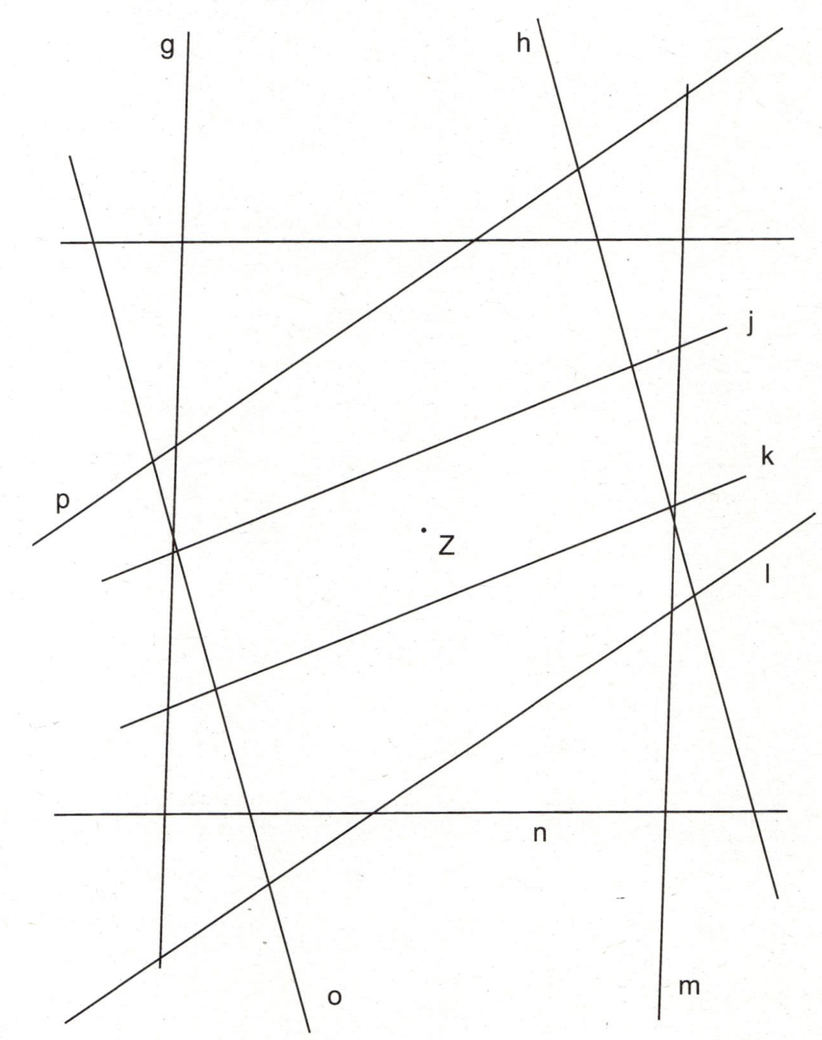

Übung 1

Figuren a), b), d) und e) sind punktsymmetrisch.

Übung 4

Die Gerade g liegt punktsymmetrisch zur Geraden m (und umgekehrt).

Die Gerade h liegt punktsymmetrisch zur Geraden o (und umgekehrt).

Die Gerade i liegt punktsymmetrisch zur Geraden n (und umgekehrt).

Die Gerade j liegt punktsymmetrisch zur Geraden k (und umgekehrt).

Die Gerade l liegt punktsymmetrisch zur Geraden p (und umgekehrt).

Übung 3

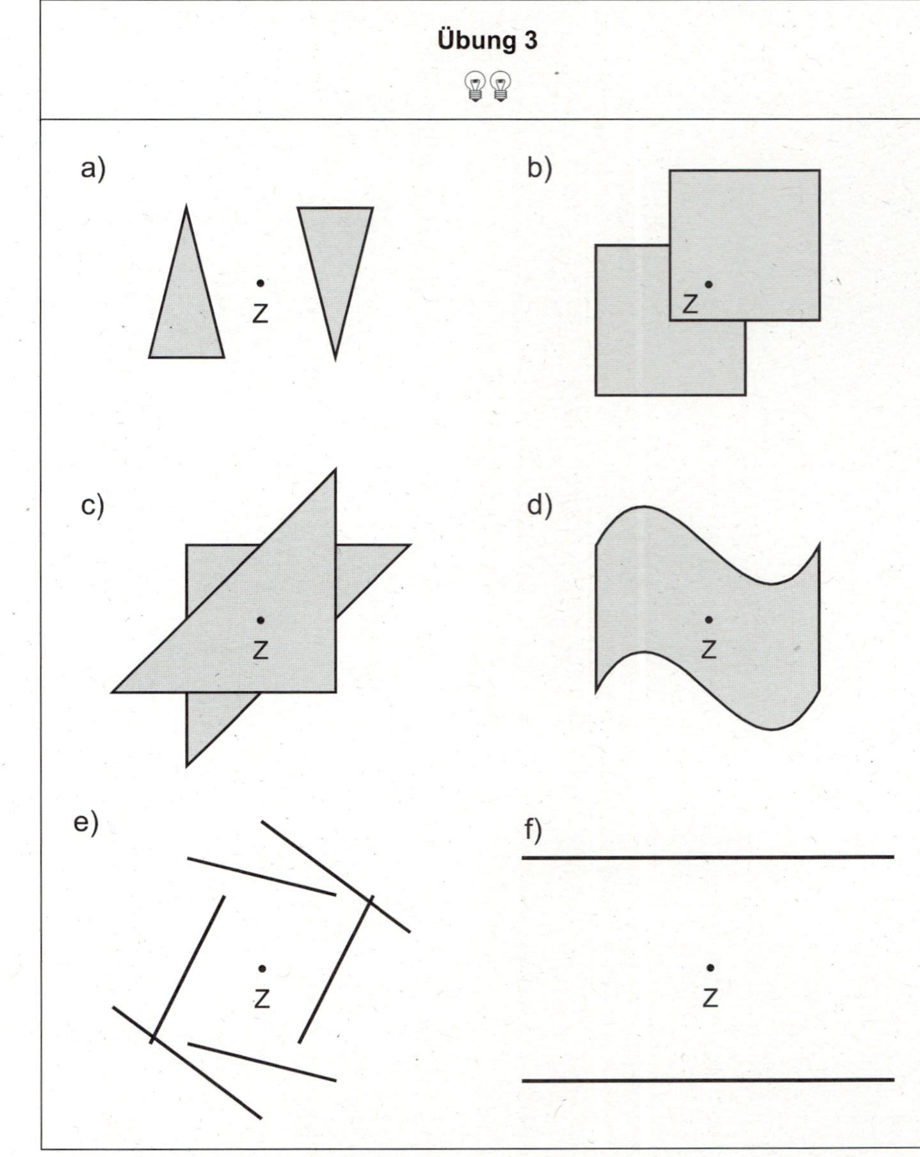

II Zeichnen mit Geodreieck und Zirkel

II Zeichnen mit Geodreieck und Zirkel
Protokoll

Einheit	Blatt	💡 . . .	Datum	😐 zu leicht	🙂 genau richtig	🙁 zu schwer	Lehrer/-in
II-1 Kreise	Info						
	Spiel	💡💡💡					
	Übung 1	💡💡					
	Übung 2	💡					
	Übung 3	💡💡💡					
	Übung 4	💡💡💡					
II-2 Abstände	Info						
	Spiel	💡					
	Übung 1	💡💡					
	Übung 2	💡💡💡					
	Übung 3	💡💡					
	Übung 4	💡💡💡					
II-3 Geometrische Körper	Info						
	Spiel	💡💡					
	Übung 1	💡					
	Übung 2	💡💡					
	Übung 3	💡💡					
	Übung 4	💡💡💡					
II-4 Quader – Schrägbild eines Quaders	Info						
	Spiel	💡💡					
	Übung 1	💡💡					
	Übung 2	💡💡					
	Übung 3	💡💡					
	Übung 4	💡💡💡					

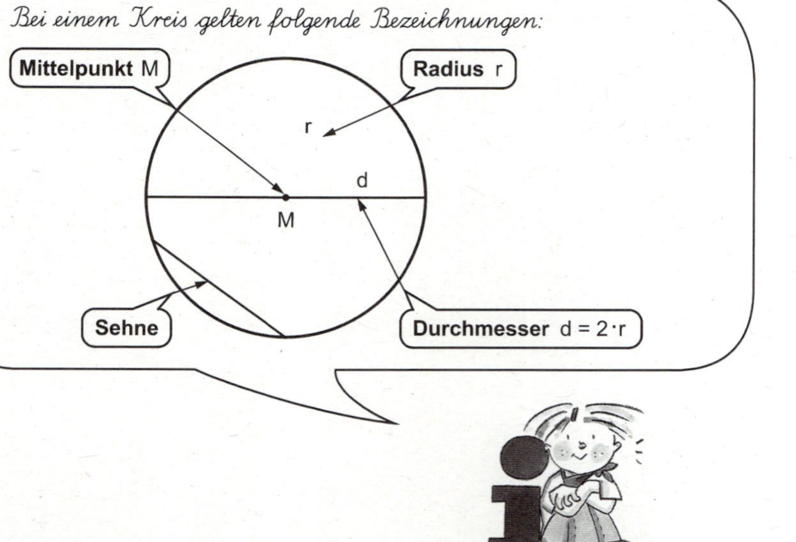

Alle Punkte eines Kreises haben vom Kreismittelpunkt den gleichen Abstand. Dieser Abstand heißt Radius des Kreises. Den doppelten Radius, also den größten Abstand zwischen zwei Punkten des Kreises, nennt man Durchmesser.
Mit einem Zirkel können wir einen Kreis zeichnen; der Zirkel hält den Abstand zwischen dem Mittelpunkt (an der Zirkelspitze) und den Punkten, die wir mit der Mine zeichnen, konstant.

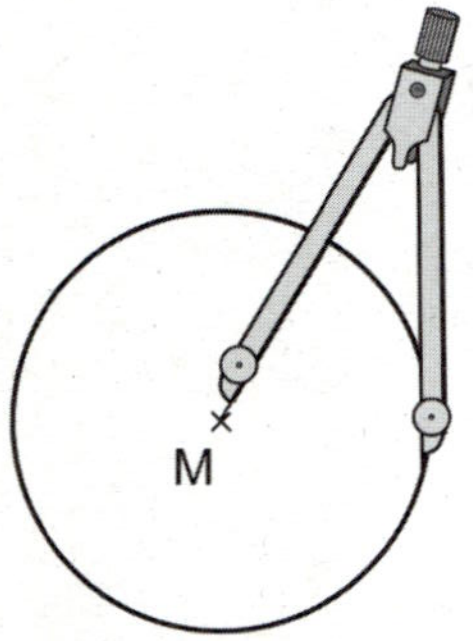

Bei einem Kreis gelten folgende Bezeichnungen:

Spielbeschreibung

Dieses Spiel könnt ihr zu zweit spielen.
Jeder Spieler benötigt ein Blatt mit der unten abgebildeten Bucht. Zunächst markiert jeder Spieler (für den Mitspieler verdeckt) vier Gitterpunkte mit einem Punkt; dies sind die Standorte der eigenen Wale, die der Mitspieler finden muss. (Die grau unterlegten Gebiete stellen die Bucht und die Inseln dar und sind somit für Wale gesperrt.)

Bei der Suche nach den Walen des Mitspielers dürft ihr abwechselnd ein Radar folgendermaßen einsetzen: Ihr sagt eurem Mitspieler, um welchen Gitterpunkt ihr einen Kreis ziehen wollt und welchen Radius dieser haben soll. Hierbei muss der Kreis vollständig im Wasser liegen. Liegt nun ein Wal innerhalb des angegebenen Kreises, gilt er als gefunden. Gewonnen hat der Schüler, der als Erster alle Wale des Mitschülers gefunden hat.

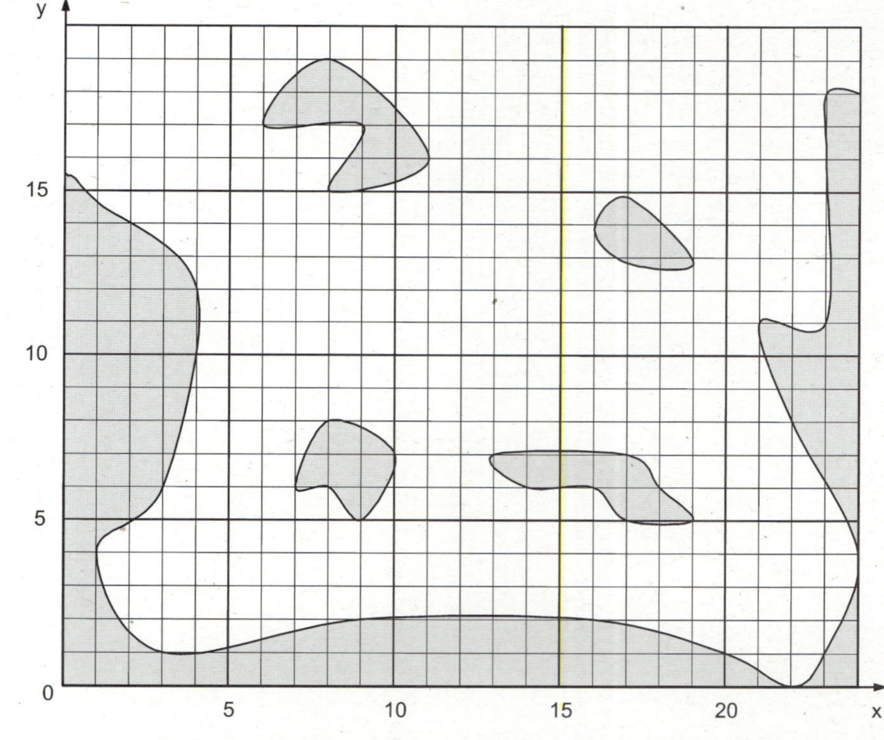

II-1 Kreise

Übung 1 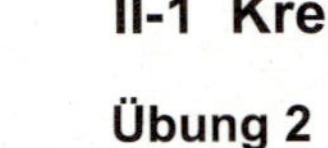

Name: _______________________

Zeichne die abgebildeten Kreismuster ab und male sie anschließend
farbig aus.

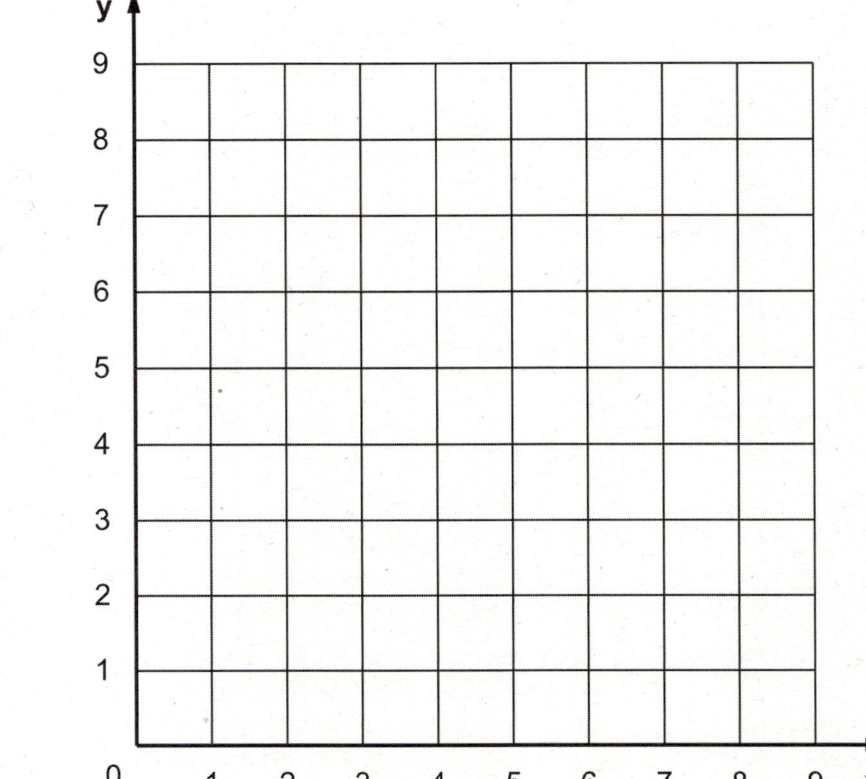

II-1 Kreise

Übung 2

Name: _______________________

Bestimme jeweils die Kreise mit den angegebenen Mittelpunkten und Radien.
a) $M_1(3|2)$, $r_1 = 2$ cm   b) $M_2(8|2)$, $r_2 = 1$ cm
c) $M_3(6|6)$, $r_3 = 3$ cm   d) $M_4(3|6)$, $r_4 = 2$ cm

II-1 Kreise

Übung 3

Name: ___________________

Wo befinden sich alle Punkte, die
a) 2 cm von P und 3 cm von R entfernt liegen,
b) 1 cm von Q und 3 cm von R entfernt liegen,
c) 3 cm von Q und R entfernt liegen,
d) 2 cm von P und 1 cm von Q entfernt liegen?

II-1 Kreise

Übung 4

Name: ___________________

Wo befinden sich alle Punkte, die
a) 1 cm von T und höchstens 4 cm von P entfernt liegen (zeichne in blau ein),
b) mindestens 2 cm und höchstens 3 cm von Q entfernt liegen (zeichne in rot ein),
c) höchstens 2 cm von Q und höchstens 4 cm von P entfernt liegen
   (zeichne in grün ein),
d) mindestens 4 cm von Q und höchstens 2 cm von P entfernt liegen
   (zeichne in schwarz ein)?

Übung 2

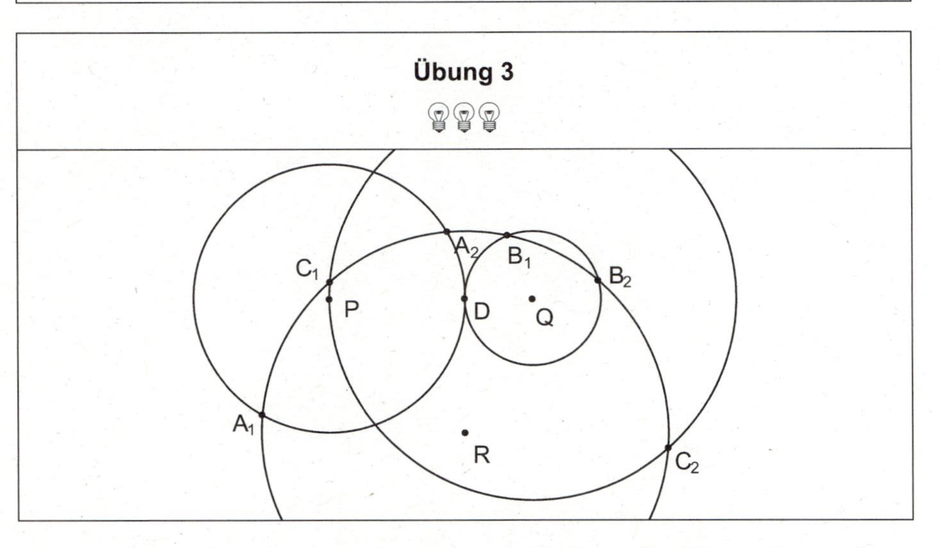

Übung 3

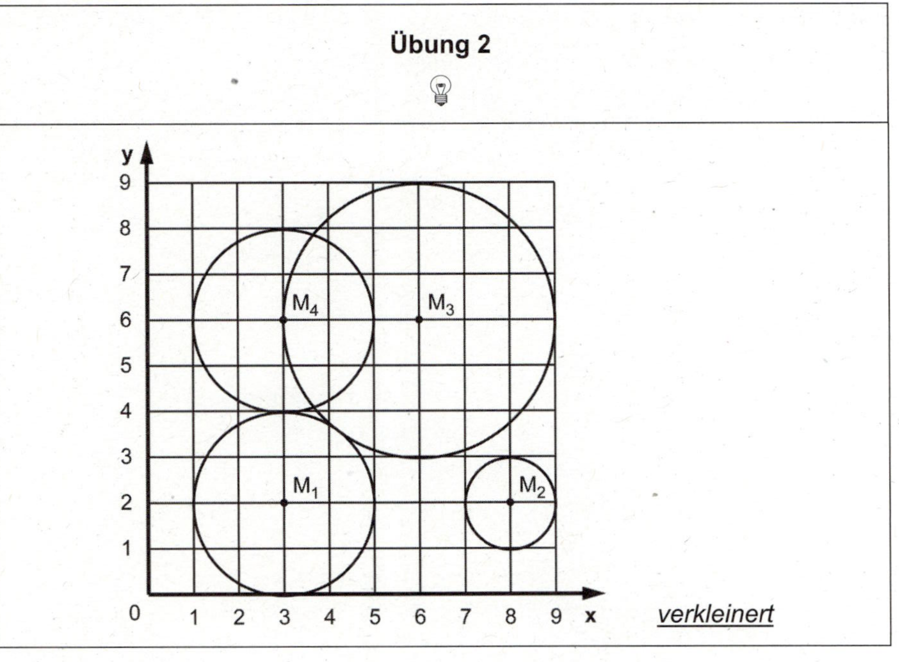

Übung 4

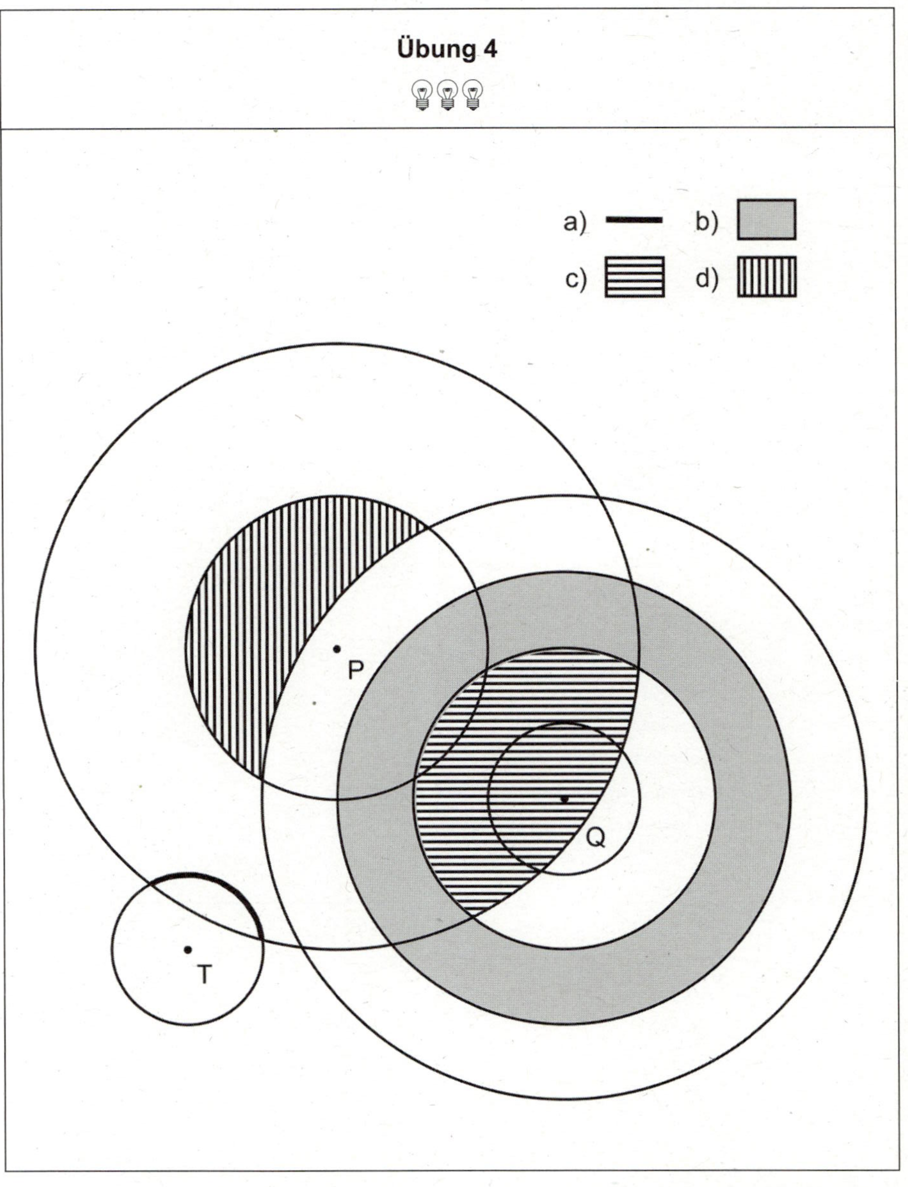

II-2 Abständе

Info

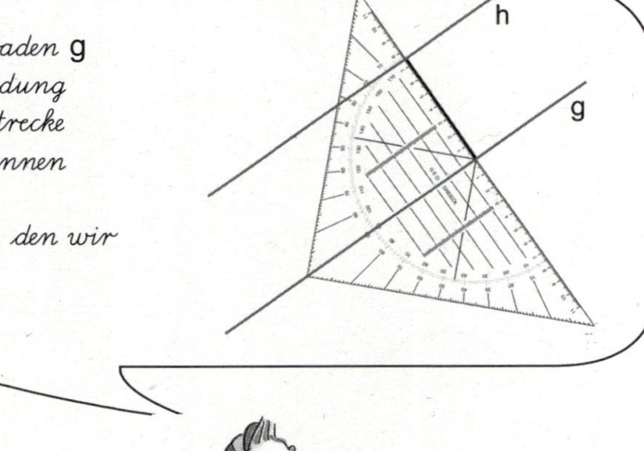

II-2 Abständе

Spiel: Abstandskette

Spielbeschreibung

Bei diesem Spiel ist die richtige Reihenfolge von Abstandspunkten gesucht. Hierzu musst du zunächst den Abstand des Start-Punktes zur Geraden g mit dem Geodreieck bestimmen. Beim nächsten Punkt findest du genau diesen Abstand angegeben. In gleicher Weise kannst du so die einzelnen Punkte bis zum Ziel-Punkt finden. Allerdings gibt es einen Punkt, der nicht zur Kette gehört. Kannst du ihn finden?

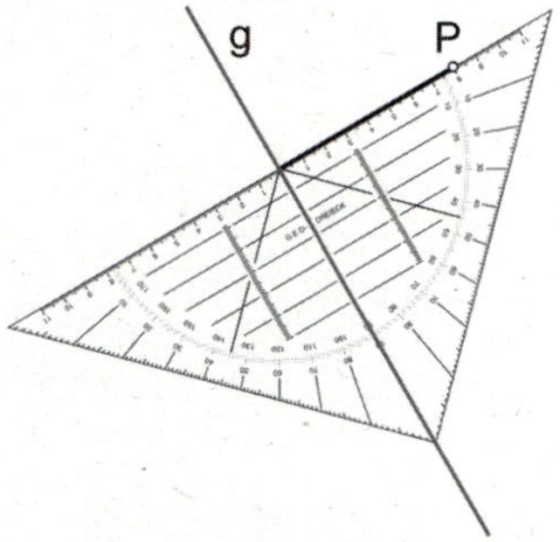

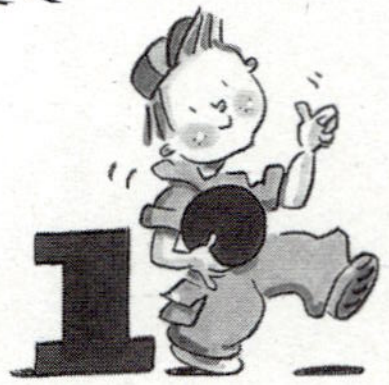

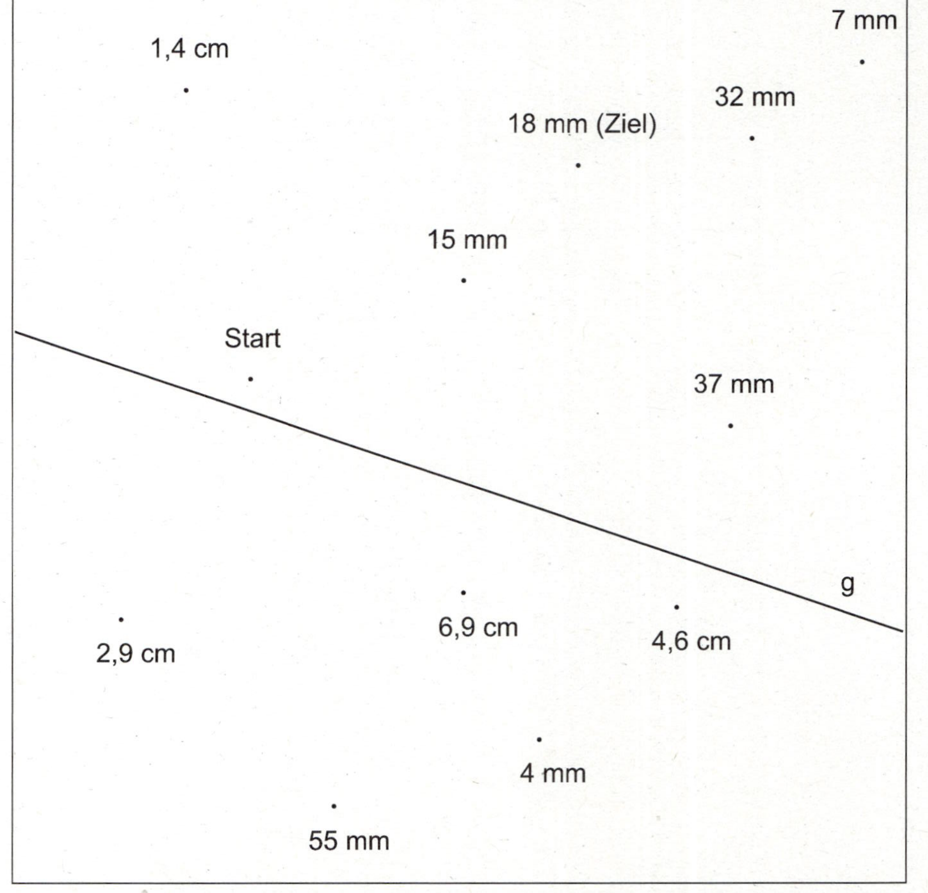

II-2 Abstände

Übung 1  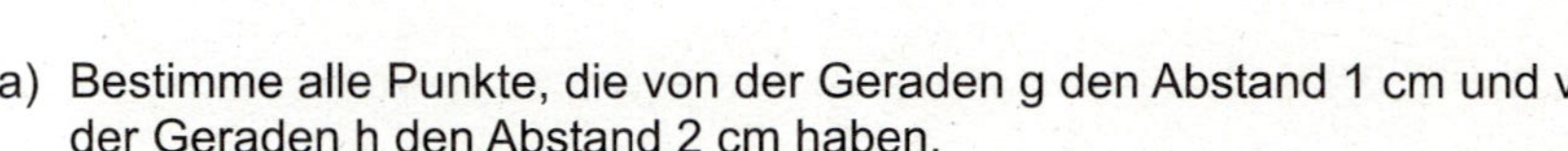

Name: _______________

a) Bestimme die Abstände der Punkte A bis G zur Geraden k.

b) Bestimme, falls möglich, die Abstände der Geraden g und h zur Geraden k.

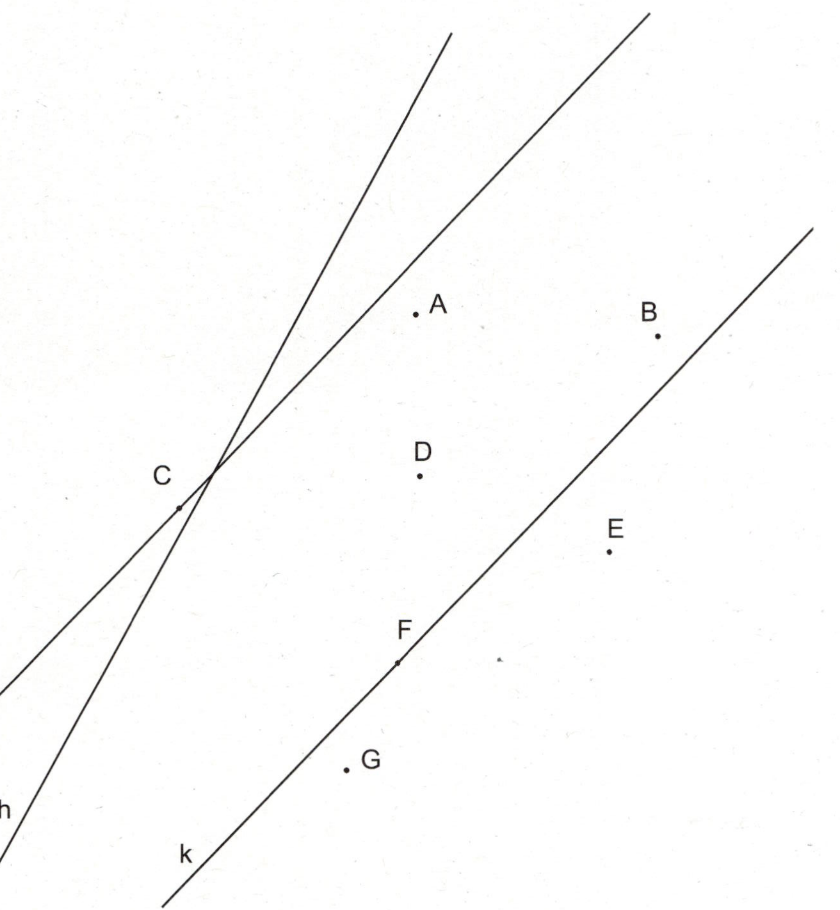

II-2 Abstände

Übung 2   

Name: _______________

a) Bestimme alle Punkte, die von der Geraden g den Abstand 1 cm und von der Geraden h den Abstand 2 cm haben.

b) Bestimme alle Punkte, die von der Geraden g den Abstand 2,5 cm und von der Geraden k den Abstand 1,5 cm haben.

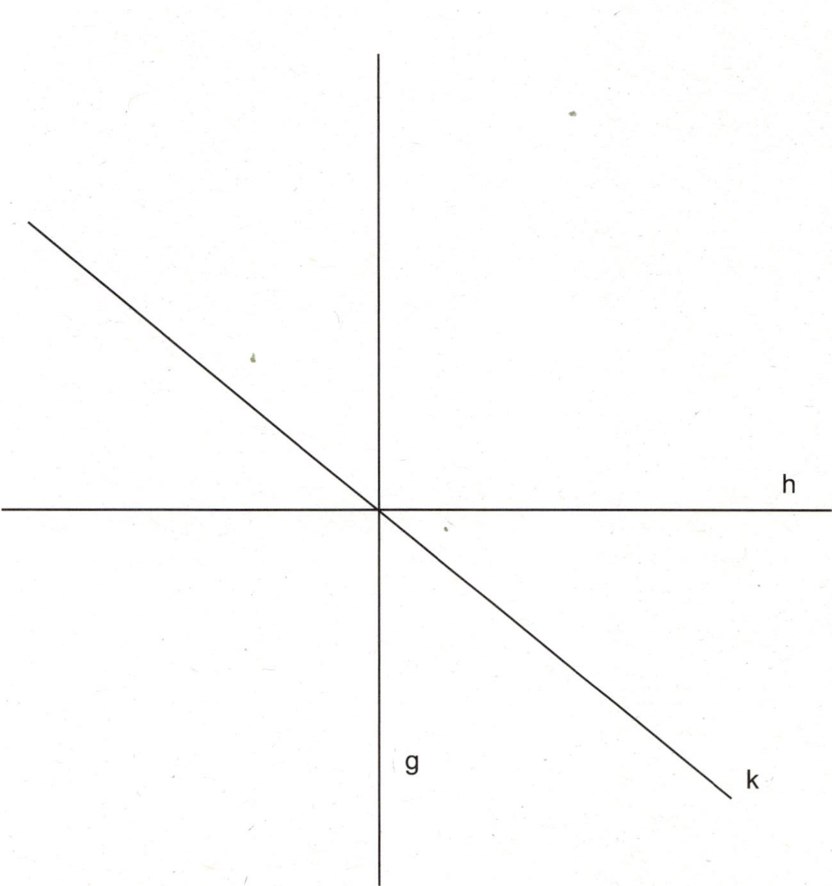

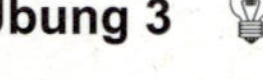

II-2 Abständе
Übung 3 💡💡

Name: _______________

a) Bestimme in dem abgebildeten Viereck mit dem Geodreieck jeweils die Mittelpunkte der vier Seiten.

b) Verbinde diese Punkte zu einem Viereck.

c) Welchen Abstand haben die gegenüberliegenden Seiten in dem neuen Viereck?

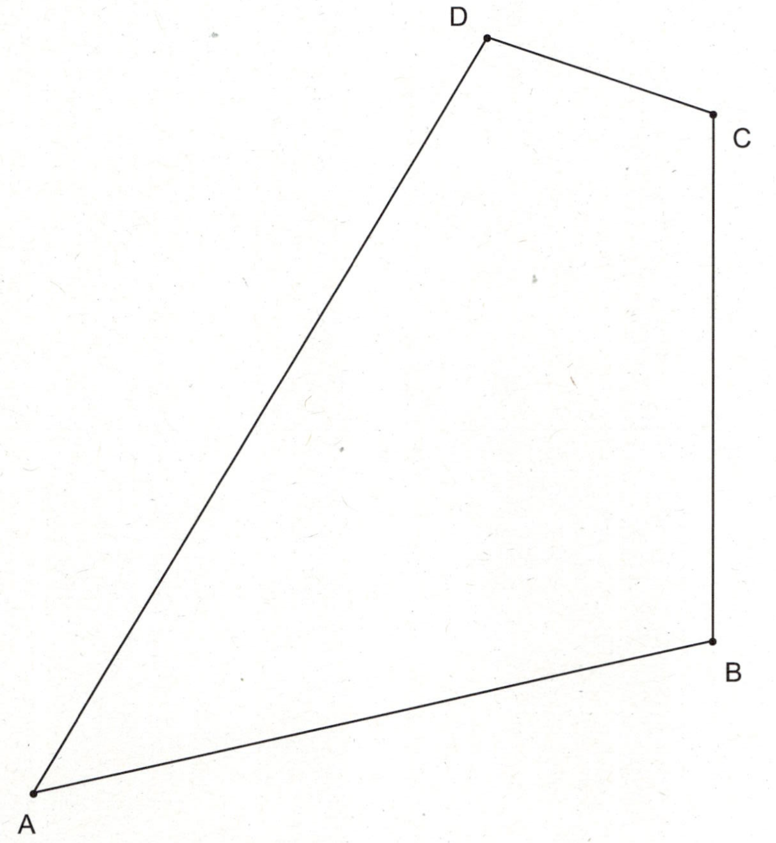

II-2 Abständе
Übung 4 💡💡💡

Name: _______________

a) Bestimme alle Punkte, die von der Geraden g den Abstand 1 cm und von dem Punkt P den Abstand 3 cm haben.

b) Bestimme alle Punkte, die von der Geraden h den Abstand 2,5 cm und von dem Punkt Q den Abstand 1,5 cm haben.

Lösungen

Übung 1

a) A: 3 cm; B: 5 mm; C: 35 mm; D: 15 mm; E: 1 cm; F: 0 cm; G: 5 mm
b) g: 35 mm; h: kein Abstand, da die Geraden nicht parallel liegen.

Übung 2

Lösungen

Übung 3

c) 39 mm und 58 mm

Übung 4

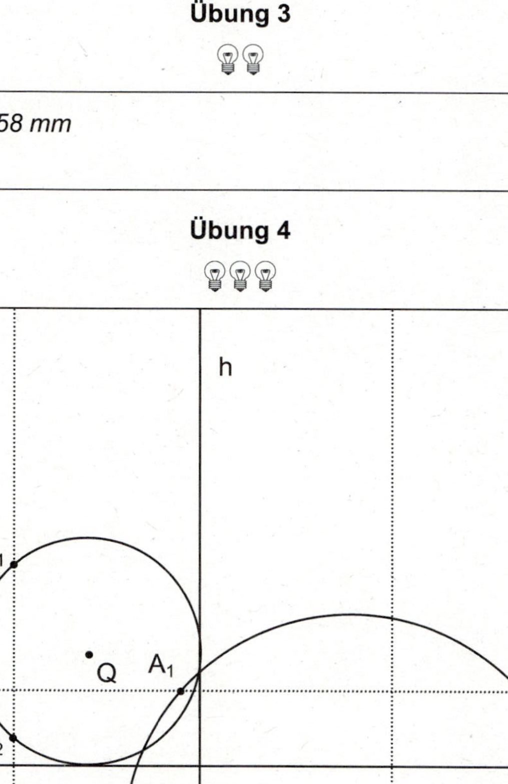

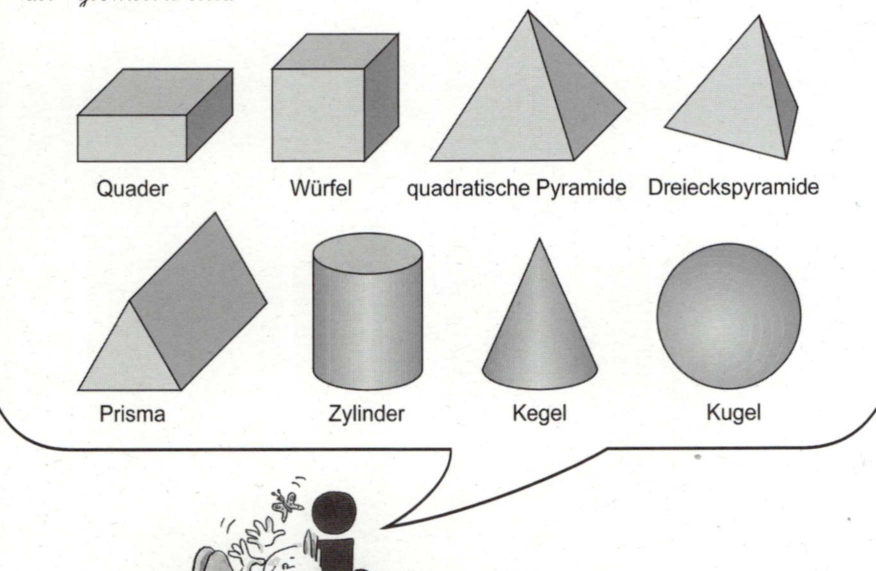

Unter den geometrischen Körpern versteht man räumliche Figuren. Der Würfel ist zum Beispiel ein solcher Körper. Die wichtigsten Körper in der Geometrie sind

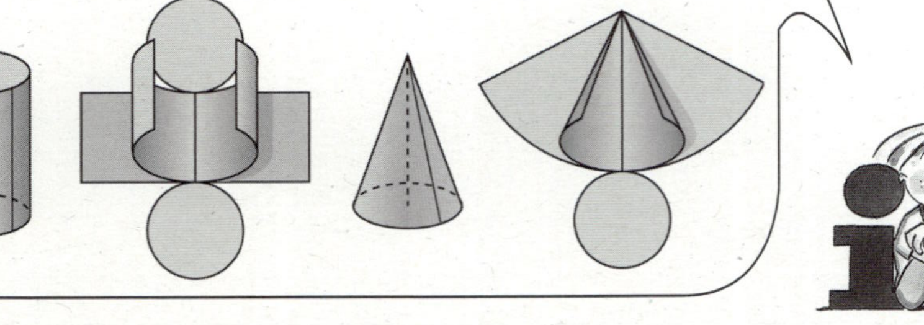

Denken wir uns einen geometrischen Körper aufgeschnitten und eben hingelegt, so erhalten wir das Netz des Körpers.

s

Spielbeschreibung

Schneide zunächst die abgebildeten Netze aus. Anschließend müssen sie an den fetten Linien geknickt werden. Wenn du schließlich die Netze mithilfe der gestreiften Klebeflächen richtig zusammenklebst, erhältst du einen Quader, einen Zylinder, einen Kegel und eine Pyramide.

Übung 1 

Name: _______________________

Welche Körper erhält man aus den folgenden Netzen?

a)

b)

c)

d)

e)

f)

Übung 2  

Name: _______________________

Welche Körper haben …

a) nur ebene Begrenzungsflächen?

b) nur Rechtecke als Begrenzungsflächen?

c) ebene und gekrümmte Begrenzungsflächen?

d) mindestens vier Begrenzungsflächen?

e) genau zwei Dreiecke als Begrenzungsflächen?

f) mindestens eine Kreisscheibe als Begrenzungsfläche?

g) nur eine Kante?

h) keine Kanten?

i) nur Ecken, an denen drei Kanten zusammentreffen?

Name: _______________________

Welche Körper erhält man, wenn man die grauen Flächen um die eingezeichneten Achsen dreht?

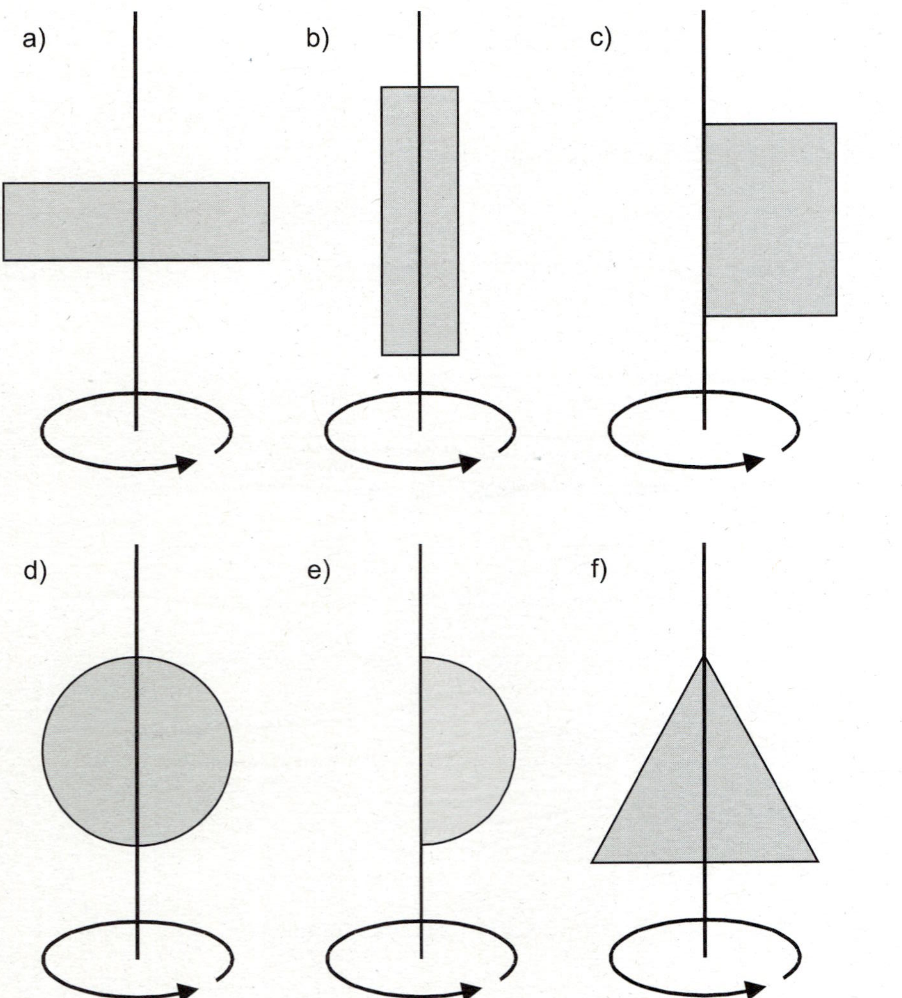

a)

b)

c)

d)

e)

f)

Name: _______________________

Welche Schnittflächen erhält man, wenn man mit einem geraden Schnitt …

a) einen Quader parallel zu einer Begrenzungsfläche durchschneidet?

b) einen Zylinder parallel zur Bodenfläche durchschneidet?

c) einen Zylinder senkrecht zur Bodenfläche durchschneidet?

d) eine Pyramide mit quadratischer Bodenfläche parallel zu dieser durchschneidet?

e) eine Pyramide senkrecht zur Bodenfläche so durchschneidet, dass der Schnitt durch die Spitze geht?

f) einen Kegel parallel zur Bodenfläche durchschneidet?

g) einen Kegel senkrecht zur Bodenfläche so durchschneidet, dass der Schnitt durch die Spitze geht?

h) eine Kugel in zwei Hälften zerschneidet?

i) eine Kugel in zwei nicht gleich große Stücke zerschneidet?

II-3 Geometrische Körper

Lösungen

	Übung 1	Übung 2
a)	Pyramide	Würfel, Quader, Prisma, Pyramide
b)	Zylinder	Würfel, Quader
c)	Quader	Zylinder, Kegel
d)	Pyramide	Würfel, Quader, Prisma, Pyramide
e)	Kegel	Prisma
f)	Kegel	Kegel, Zylinder
g)		Kegel
h)		Kugel
i)		Würfel, Quader, Prisma, Dreieckspyramide

II-3 Geometrische Körper

Lösungen

	Übung 3	Übung 4
a)	Zylinder	Rechteck
b)	Zylinder	Kreis
c)	Zylinder	Rechteck
d)	Kugel	Quadrat
e)	Kugel	Dreieck
f)	Kegel	Kreis
g)		Dreieck
h)		Kreis
i)		Kreis

Bei einem Quader gilt:
1) Er wird von sechs Rechtecken begrenzt.
2) Er hat zwölf Kanten, von denen jeweils vier gleich lang sind.
3) Er ist durch die Kanten „Länge", „Breite" und „Höhe" bestimmt.

Ein besonderer Quader ist der Würfel, für ihn gilt:
1) Er wird von sechs Quadraten begrenzt.
2) Er hat zwölf Kanten, die alle gleich lang sind.
3) Er ist durch diese eine Kantenlänge bestimmt.

So zeichnen wir das Schrägbild eines Quaders mit der Länge 5, der Breite 4 und der Höhe 3:
1) Zeichne zunächst die Vorderseite (Länge 5 und Höhe 3).
2) Zeichne nun die nach hinten verlaufenden Kanten (die Breite) schräg nach hinten, aber nur die Hälfte der angegebenen Kästchen (also 2).
3) Verbinde die Endpunkte der nach hinten verlaufenden Kanten durch die Rückseite des Quaders.

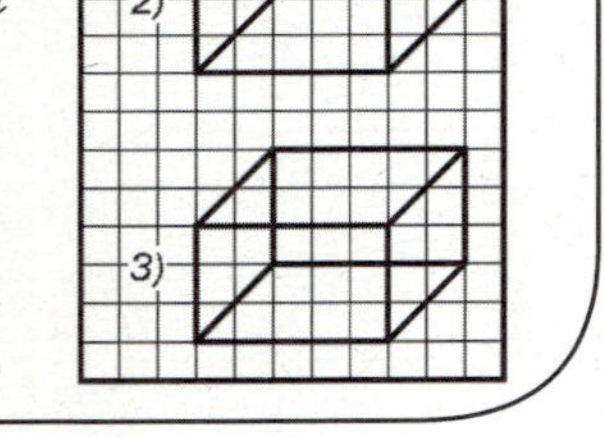

Spielbeschreibung

Unten findest du sieben Netze abgebildet. Werden die dazugehörigen Würfel oder Quader zusammengesetzt, dann liegt jeweils gegenüber einer schwarz unterlegten Seite mit einer Zahl eine weiße Seite mit einem Buchstaben. Diese Buchstaben musst du der Reihe nach zusammensetzen, um das Lösungswort – den Namen eines berühmten Mathematikers – zu erhalten. Aber Vorsicht: Sollte ein Netz keinen Quader oder Würfel ergeben, darfst du die dazugehörigen Buchstaben nicht verwenden! Viel Erfolg!

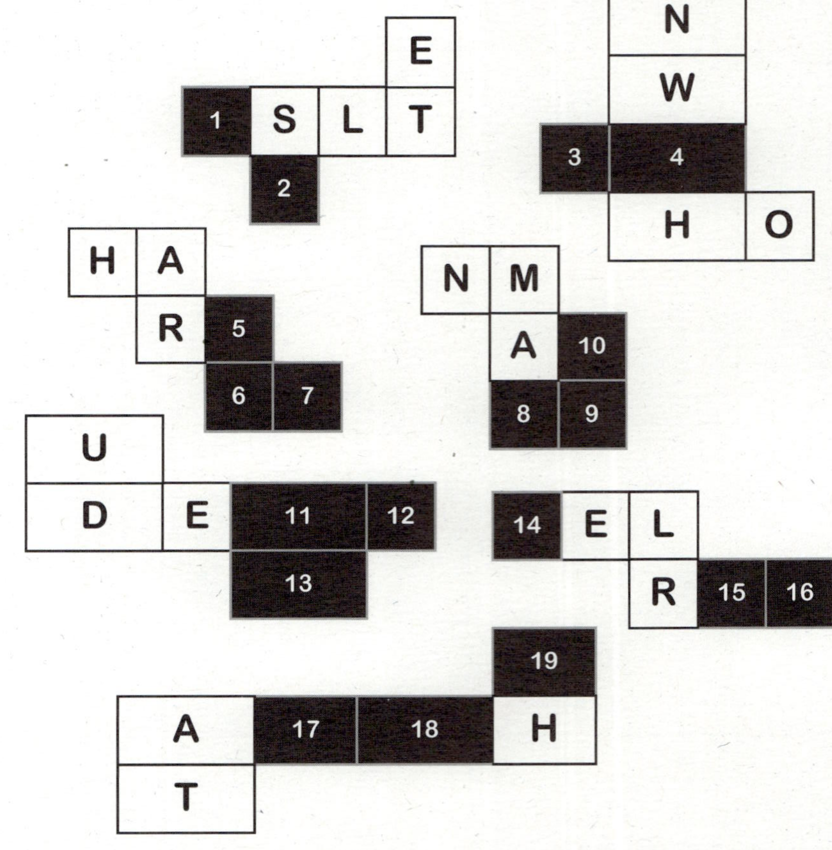

Übung 1 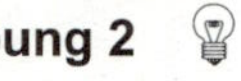

Name: _______________________

Aus einem Draht der Länge l cm sollen Kantenmodelle angefertigt werden. Berechne jeweils die fehlende Größe:

	Länge	Breite	Höhe	Drahtlänge l
a)	20 cm	30 cm	25 cm	_300 cm_
b)	1 cm	1 cm	1 cm	
c)	20 cm	10 cm	5 cm	
d)	60 cm	10 cm	10 cm	
e)		10 cm	20 cm	200 cm
f)	2 cm	4 cm		52 cm
g)	45 cm	35 cm	2 m	
h)		15 cm	10 cm	2 m

Übung 2 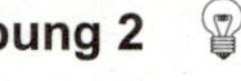

Name: _______________________

Welche der abgebildeten Netze ergeben einen Quader, welche einen Würfel?

a) 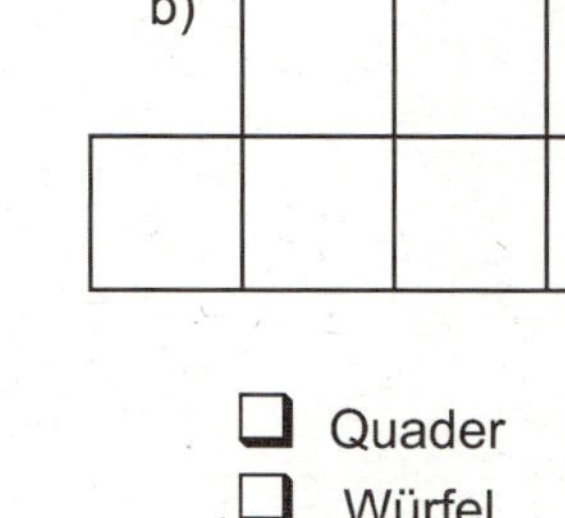
☒ Quader
☐ Würfel

b) 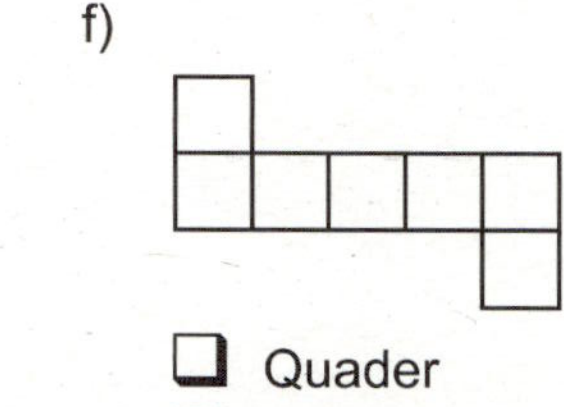
☐ Quader
☐ Würfel

c) 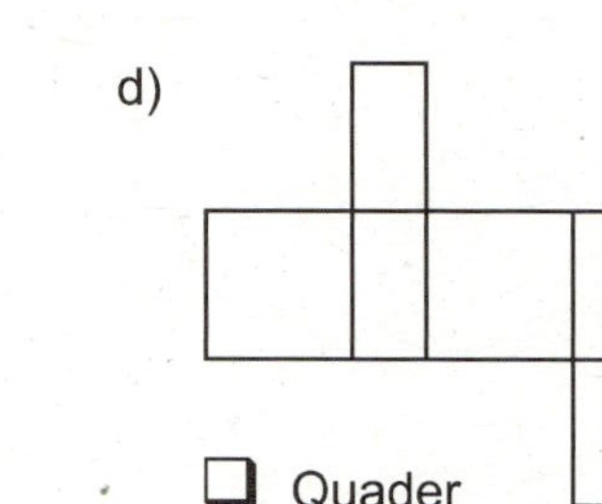
☐ Quader
☐ Würfel

d) 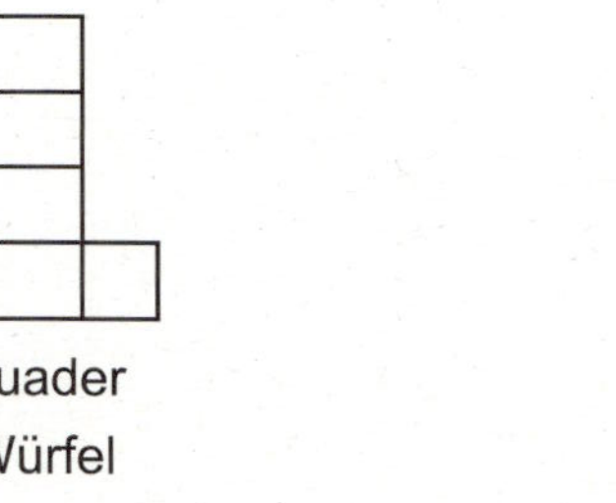
☐ Quader
☐ Würfel

e) 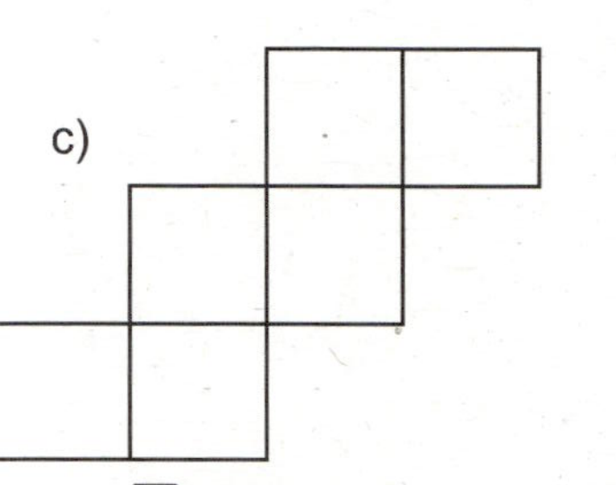
☐ Quader
☐ Würfel

f) 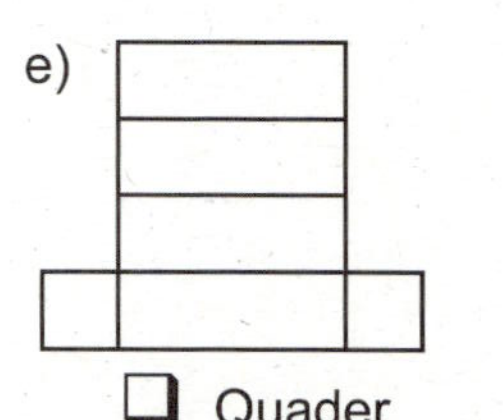
☐ Quader
☐ Würfel

II-4 Quader – Schrägbild eines Quaders

Übung 3

Name: _______________________

Vervollständige die Schrägbilder.

II-4 Quader – Schrägbild eines Quaders

Übung 4

Name: _______________________

Zeichne das Schrägbild eines Körpers, der von oben, von der Seite und von vorne folgendermaßen aussieht.

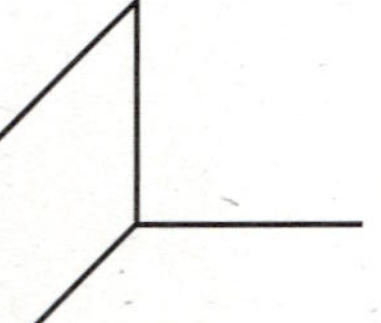

	Übung 1			Übung 2
	Länge	Breite	Höhe	Drahtlänge	
a)	20 cm	30 cm	25 cm	300 cm	Quader
b)	1 cm	1 cm	1 cm	12 cm	–
c)	20 cm	10 cm	5 cm	140 cm	Würfel
d)	60 cm	10 cm	10 cm	320 cm	Quader
e)	20 cm	10 cm	20 cm	200 cm	Quader
f)	2 cm	4 cm	7 cm	52 cm	–
g)	45 cm	35 cm	2 m	1120 cm	
h)	25 cm	15 cm	10 cm	2 m	

Übung 3

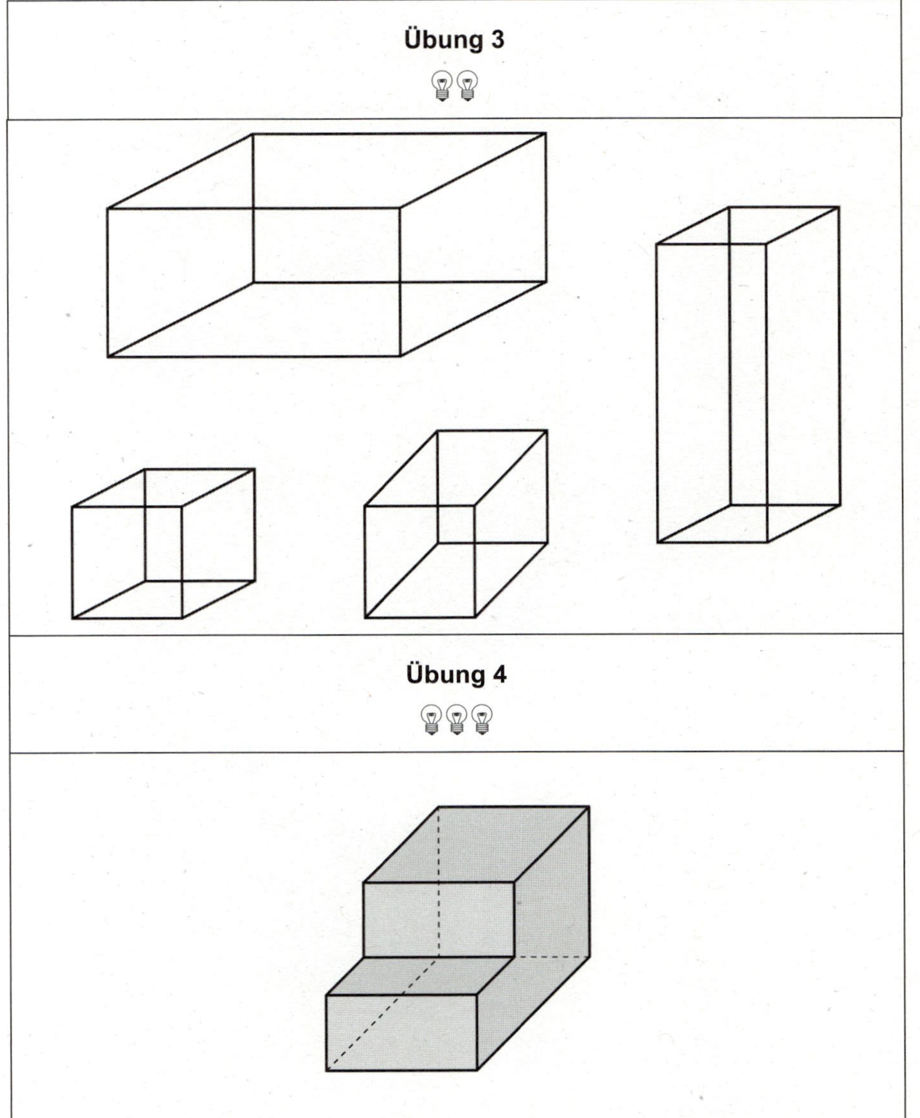

Übung 4

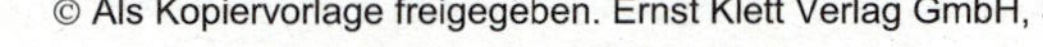

III Flächen- und Rauminhalte

III Flächen- und Rauminhalte
Protokoll

Einheit	Blatt	💡 . . .	Datum	😀 zu leicht	🙂 genau richtig	🙁 zu schwer	Lehrer/-in
III-1 Flächeninhalte – Flächeneinheiten	Info						
	Spiel	💡💡					
	Übung 1	💡					
	Übung 2	💡💡💡					
	Übung 3	💡💡					
	Übung 4	💡💡💡					
III-2 Flächeninhalte von Rechtecken	Info						
	Spiel	💡💡					
	Übung 1	💡💡					
	Übung 2	💡💡💡					
	Übung 3	💡💡					
	Übung 4	💡💡💡					
III-3 Rauminhalte	Info						
	Spiel	💡💡					
	Übung 1	💡💡					
	Übung 2	💡💡					
	Übung 3	💡💡💡					
	Übung 4	💡💡💡					
III-4 Rauminhalte von Quadern	Info						
	Spiel	💡💡💡					
	Übung 1	💡💡					
	Übung 2	💡💡💡					
	Übung 3	💡💡💡					
	Übung 4	💡💡💡					

Info

Um die Flächeninhalte zweier Flächen zu vergleichen, schaut man, wie viele gleiche Flächenstücke zum Auslegen der Fläche benötigt werden.

Beispiel:

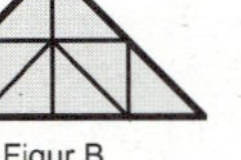

Figur A   Figur B

Da Figur A mit 8 Dreiecken und Figur B mit 7 Dreiecken ausgelegt wurde, ist der Flächeninhalt von Figur A größer.

Man könnte auch sagen, der Flächeninhalt von Figur A ist 7 Dreiecksflächen groß, während Figur B den Flächeninhalt von 8 Dreiecksflächen besitzt.

Häufig werden Flächen mit quadratischen Flächenstücken ausgelegt. Dann gilt für die Flächeninhalte:

Seitenlänge	Flächeninhalte	Umrechnung
1 mm	$1\ mm^2$	
1 cm	$1\ cm^2$	$= 100\ mm^2$
1 dm	$1\ dm^2$	$= 100\ cm^2 = 10\,000\ mm^2$
1 m	$1\ m^2$	$= 100\ dm^2 = 10\,000\ cm^2 = 1000\,000\ mm^2$
10 m	$1\ a$	$= 100\ m^2 = 10\,000\ dm^2 = 1000\,000\ cm^2$
100 m	$1\ ha$	$= 100\ a = 10\,000\ m^2 = 1000\,000\ dm^2$
1 km	$1\ km^2$	$= 100\ ha = 10\,000\ a = 1000\,000\ m^2$

Spiel: Flächen-Domino

Spielbeschreibung

Dieses Spiel könnt ihr zu zweit spielen.

Zur Vorbereitung schneidet ihr die 18 unten abgebildeten Domino-Steine entlang den fett gedruckten Linien aus. Anschließend müsst ihr versuchen, die Dominosteine (wie bei einem normalen Domino) so in eine geschlossene Kette zu legen, dass die Größen auf angrenzenden Steinen übereinstimmen.

Wenn ihr richtig rechnet, könnt ihr vom Start-Stein bis zum Ziel-Stein eine geschlossene Kette legen, ohne dass ein Stein übrig bleibt.

Start	$3\ cm^2$	$300\ mm^2$	$15\ m^2$	$2000\ cm^2$	$12\ km^2$
$50\ dm^2$	$0,1\ m^2$	$50\,000\ m^2$	$3\ km^2$	$1500\ dm^2$	$15\ dm^2$
$1\ m^2$	**Ziel**	$1000\ cm^2$	$0,12\ ha$	$20\,000\ cm^2$	$30\ dm^2$
$3000\ cm^2$	$150\ m^2$	$15\,000\ dm^2$	$500\ cm^2$	$15\,000\ cm^2$	$500\ m^2$
$300\ ha$	$150\ dm^2$	$1500\ cm^2$	$5\ ha$	$5\ a$	$2\ m^2$
$5\ m^2$	$20\ dm^2$	$12\ a$	$0,01\ a$	$1200\ ha$	$0,5\ m^2$

Name: _______________________

Ordne die Flächen nach ihren Flächeninhalten.
Beginne mit der kleinsten Fläche.

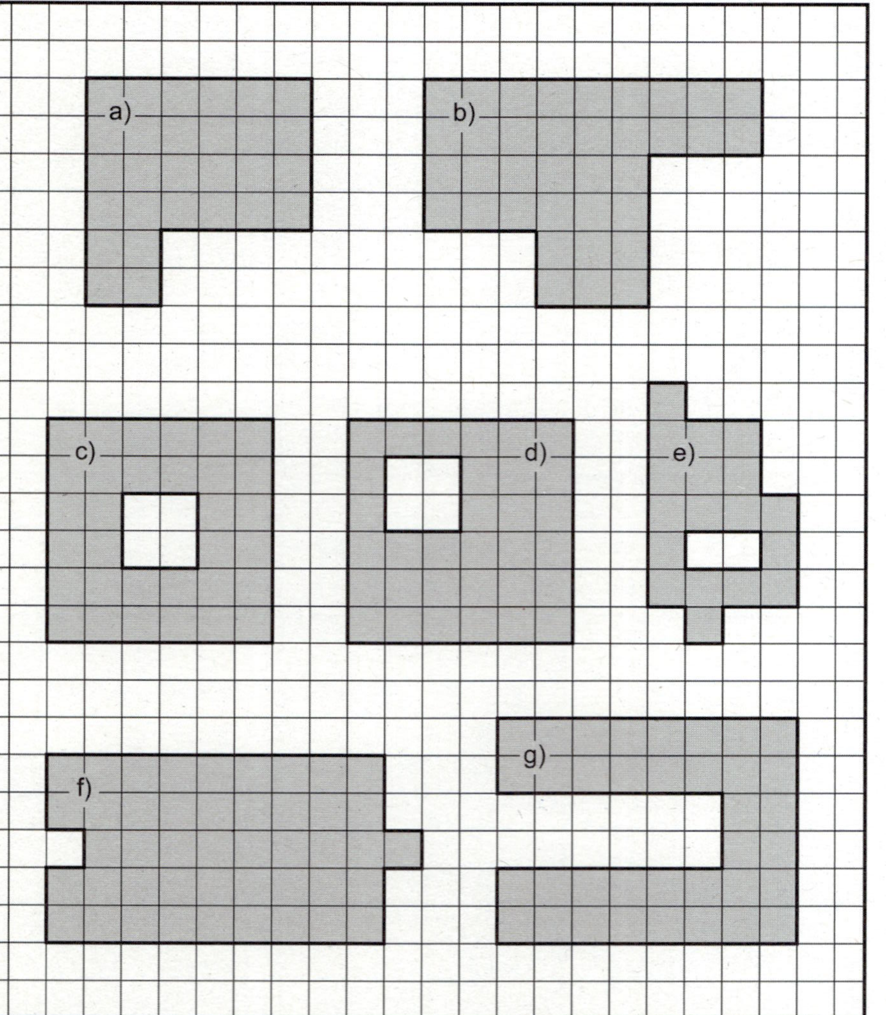

Name: _______________________

Bestimme die Flächeninhalte der Figuren.

44

III-1 Flächeninhalte – Flächeneinheiten

Übung 3

Name: _______________________

Forme die Flächeninhalte in die angegebenen Größen um.

a) 20 000 cm^2 = _______ 2 _______ m^2 ✓

b) 3200 cm^2 = _______________ dm^2

c) 40 a = _______________ dm^2

d) 245 000 a = _______________ ha

e) 423 km^2 = _______________ a

f) 1 m^2 = _______________ mm^2

g) 3,5 m^2 = _______________ dm^2

h) 0,123 a = _______________ m^2

i) 654 m^2 = _______________ a

III-1 Flächeninhalte – Flächeneinheiten

Übung 4

Name: _______________________

Berechne die folgenden Ausdrücke und gib das Ergebnis mit einer möglichst kleinen natürlichen Maßzahl an.

a) 40 cm^2 + 160 cm^2 = 200 cm^2 = _2 dm²_ ✓

b) 256 m^2 + 133 m^2 =

c) 1200 dm^2 + 3 m^2 =

d) 7 a + 8 ha – 1 a =

e) 232 mm^2 + 70 mm^2 – 2 mm^2 =

f) 8300 mm^2 + 3 cm^2 – 0,1 dm^2 =

g) 1 km^2 – 1000 000 000 000 mm^2 =

h) 4 ha + 30 a – 2000 m^2 =

i) 15 000 cm^2 – (35 dm^2 – 12 dm^2) =

Lösungen

	Übung 1	Übung 2
a)	e)	6 cm^2
	↓	
b)	a)	6 cm^2
	↓	
c)	c) und d)	7 cm^2
	↓	
d)	b) und g)	5 cm^2
	↓	
e)	f)	4 cm^2
f)		
g)		
h)		
i)		

Lösungen

	Übung 3	Übung 4
a)	2 m^2	2 dm^2
b)	32 dm^2	389 m^2
c)	400 000 dm^2	15 m^2
d)	2450 ha	806 a
e)	4 230 000 a	3 cm^2
f)	1 000 000 mm^2	76 cm^2
g)	350 dm^2	0
h)	12,3 m^2	410 a
i)	6,54 a	127 dm^2

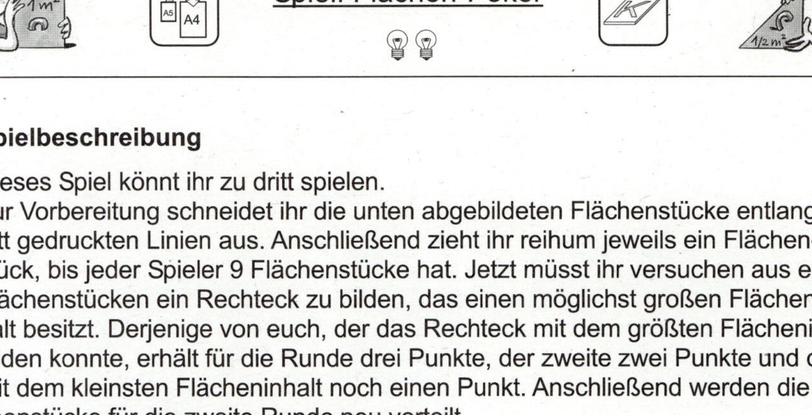

Um den <u>Flächeninhalt</u> eines <u>Rechtecks</u> zu bestimmen, kann man es mit quadratischen Flächenstücken auslegen:
Es passen 6 hinein (drei Zeilen mit je zwei quadratischen Flächenstücken). Der Flächeninhalt entspricht somit 6 Flächenstücken.
Um den Flächeninhalt eines Rechtecks zu bestimmen, müssen wir also die Anzahl der quadratischen Flächenstücke bestimmen, die hineinpassen. Diese Anzahl können wir mit der Höhe und der Breite des Rechtecks bestimmen. Es gilt:
Flächeninhalt des Rechtecks = Höhe · Breite
Für unser Beispiel ergibt sich der Flächeninhalt $A = 3\ cm \cdot 2\ cm = 6\ cm^2$.

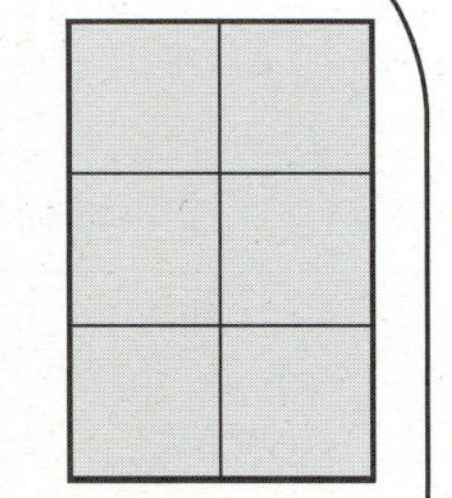

Da bei einem Rechteck jede Seite zweimal vorkommt, gilt:
Umfang des Rechtecks = 2 · (Höhe + Breite)
Für unser Beispiel ergibt sich der Umfang u
$u = 2 \cdot (3\ cm + 2\ cm) = 10\ cm$.

Spielbeschreibung

Dieses Spiel könnt ihr zu dritt spielen.
Zur Vorbereitung schneidet ihr die unten abgebildeten Flächenstücke entlang den fett gedruckten Linien aus. Anschließend zieht ihr reihum jeweils ein Flächenstück, bis jeder Spieler 9 Flächenstücke hat. Jetzt müsst ihr versuchen aus euren Flächenstücken ein Rechteck zu bilden, das einen möglichst großen Flächeninhalt besitzt. Derjenige von euch, der das Rechteck mit dem größten Flächeninhalt bilden konnte, erhält für die Runde drei Punkte, der zweite zwei Punkte und der mit dem kleinsten Flächeninhalt noch einen Punkt. Anschließend werden die Flächenstücke für die zweite Runde neu verteilt.
Gewonnen hat der Schüler, der am Schluss die meisten Punkte sammeln konnte.

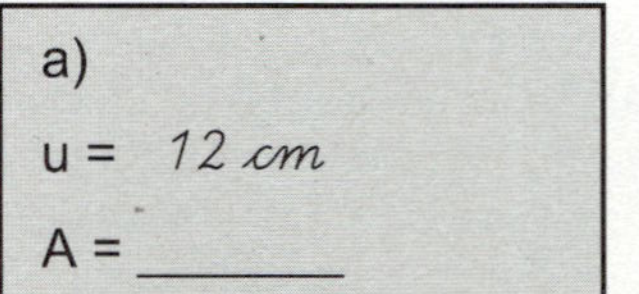

Name: _______________________________

Bestimme den Umfang u und den Flächeninhalt A der folgenden Rechtecke.

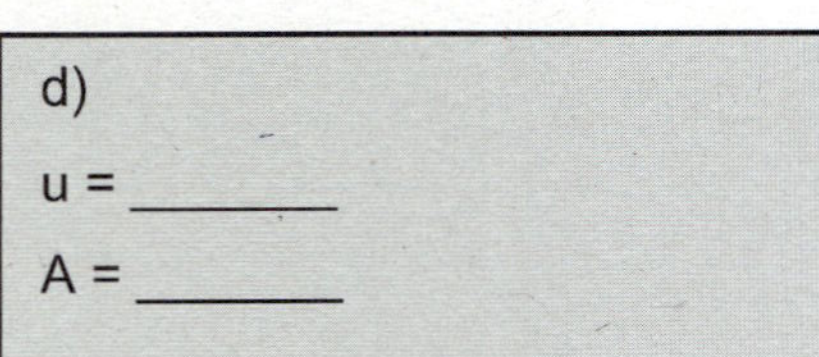

a)
u = 12 cm
A = _______

b)
u = _______
A = _______

c)
u = _______
A = _______

d)
u = _______
A = _______

Name: _______________________________

Fülle die Tabelle aus.

	Seitenlänge a	Seitenlänge b	Umfang u	Flächeninhalt A
a)	6 cm	6 cm	24 cm	
b)	1 cm	11 cm		
c)	3 cm	12 cm		
d)	0,5 cm	1 cm		
e)		7 cm		21 cm^2
f)	8 cm			56 cm^2
g)	10 cm		36 cm	
h)	10 cm		50 cm	
i)			32 cm	64 cm^2

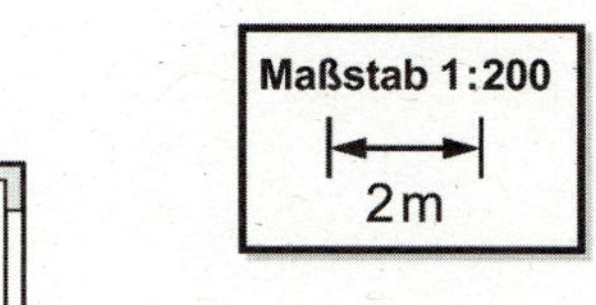

Übung 3

Name: ___________________________

Bestimme jeweils den Umfang u und den Flächeninhalt A.

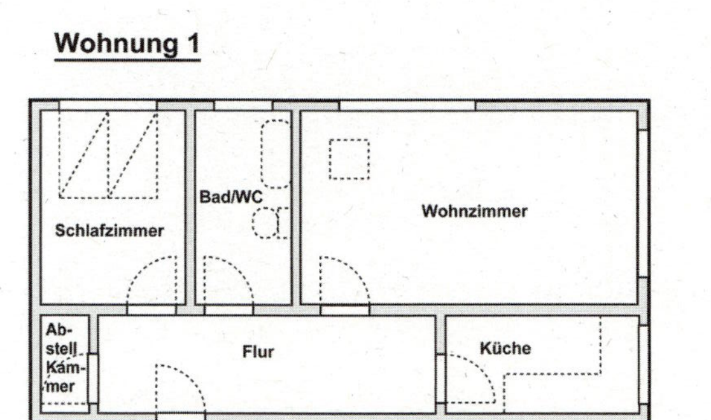

Übung 4

Name: ___________________________

Berechne mit dem angegebenen Maßstab die Wohnfläche der einzelnen Zimmer und die Gesamtwohnfläche.

Maßstab 1:200
2m

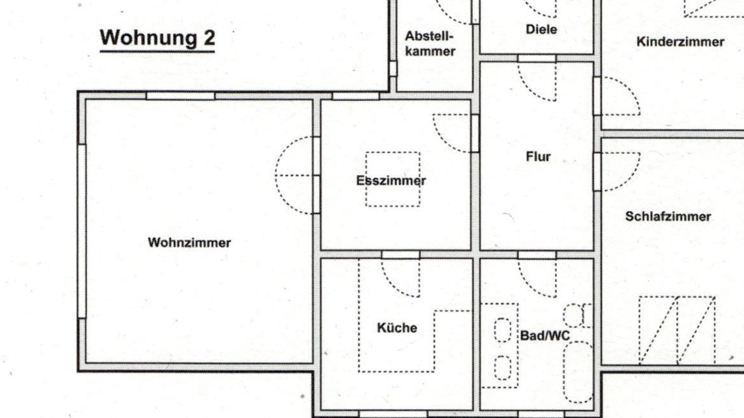

Lösungen

	Übung 1	Übung 3	Übung 4
a)	$u = 12$ cm $A = 8$ cm^2	$u = 28$ cm $A = 28$ cm^2	**Wohnung 1**
b)	$u = 18$ cm $A = 18$ cm^2	$u = 32$ cm $A = 30$ cm^2	Schlafzimmer 12 m^2 Bad/WC 8 m^2 Wohnzimmer 28 m^2
c)	$u = 29$ cm $A = 45$ cm^2	$u = 54$ cm $A = 26$ cm^2	Abstellkammer 2 m^2 Flur 14 m^2 Küche 8 m^2
d)	$u = 29$ cm $A = 51$ cm^2		Gesamtfläche 72 m^2
e)			**Wohnung 2**
f)			Wohnzimmer 42 m^2 Abstellkammer 6 m^2 Esszimmer 16 m^2 Küche 16 m^2
g)			Diele 6 m^2 Flur 15 m^2
h)			Bad/WC 12 m^2 Kinderzimmer 16 m^2 Schlafzimmer 24 m^2
i)			Gesamtfläche 153 m^2

Lösungen

	Seitenlänge a	Seitenlänge b	Umfang u	Flächeninhalt A
a)	6 cm	6 cm	24 cm	36 cm^2
b)	1 cm	11 cm	24 cm	11 cm^2
c)	3 cm	12 cm	30 cm	36 cm^2
d)	0,5 cm	1 cm	3 cm	0,5 cm^2
e)	3 cm	7 cm	20 cm	21 cm^2
f)	8 cm	7 cm	30 cm	56 cm^2
g)	10 cm	8 cm	36 cm	80 cm^2
h)	10 cm	15 cm	50 cm	150 cm^2
i)	8 cm	8 cm	32 cm	64 cm^2

Übung 2

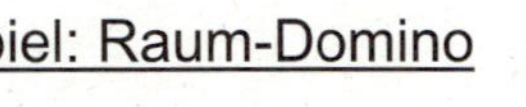

Um die Rauminhalte zweier Körper zu vergleichen, schaut man, wie viele gleiche Körper hineinpassen.
Beispiel:

Körper A   Körper B

Da in Körper A 8 Würfel und in Körper B 6 Würfel hineinpassen, ist der Rauminhalt von Körper A größer.
Man könnte auch sagen, der Rauminhalt von Körper A ist 8 Würfelinhalte groß, während Körper B den Rauminhalt 6 Würfelinhalte besitzt.

Wie im oberen Beispiel werden Rauminhalte häufig mit Würfeln gefüllt. Je nach Größe des Körpers nimmt man verschiedene Würfelgrößen:

Kantenlänge	Rauminhalte	Umrechnung
1 mm	$1\,mm^3$	
1 cm	$1\,cm^3$	$= 1000\,mm^3$
1 dm	$1\,dm^3 = 1\ell$	$= 1000\,cm^3 = 1\,000\,000\,mm^3$
1 m	$1\,m^3$	$= 1000\,dm^3 = 1\,000\,000\,cm^3$
		$= 1\,000\,000\,000\,mm^3$

$1\,dm^3$ = 1 l
1 dm

Spielbeschreibung

Dieses Spiel könnt ihr zu zweit spielen.
Zur Vorbereitung schneidet ihr die 18 unten abgebildeten Domino-Steine entlang den fettgedruckten Linien aus. Anschließend müsst ihr versuchen, die Dominosteine (wie bei einem normalen Domino) so in eine geschlossene Kette zu legen, dass die Größen auf angrenzenden Steinen übereinstimmen.
Wenn ihr richtig rechnet, könnt ihr vom Start-Stein bis zum Ziel-Stein eine geschlossene Kette legen, ohne dass ein Stein übrig bleibt.

Start	$3\,cm^3$	$3000\,mm^3$	$15\,m^3$	$150\,000\,cm^3$	$500\,dm^3$
$100\,dm^3$	$0,5\,dm^3$	$10\,000\,000\,m^3$	**Ziel**	$300\,000\,dm^3$	$150\,dm^3$
$2\,000\,000\,cm^3$	$30\,dm^3$	$10\,dm^3$	$0,2\,cm^3$	$15\,000\,cm^3$	$50\,m^3$
$50\,000\,dm^3$	$300\,m^3$	$150\,000\,dm^3$	$3\,000\,000\,mm^3$	$3\,dm^3$	$20\,dm^3$
$20\,000\,cm^3$	$0,1\,m^3$	$500\,000\,cm^3$	$2\,m^3$	$15\,000\,dm^3$	$15\,dm^3$
$500\,cm^3$	$0,01\,m^3$	$200\,mm^3$	$0,01\,km^3$	$30\,000\,cm^3$	$150\,m^3$

Name: ______________________________

Aus wie vielen Würfeln sind die Körper zusammengesetzt?

a)

b)

c)

Name: ______________________________

Rechne in die jeweils angegebene Größe um.

a) $1000 \; cm^3$ = _________ 1 _________ dm^3 ✓

b) $20\,000 \; cm^3$ = _____________________ m^3

c) $240\,000 \; mm^3$ = _____________________ cm^3

d) $10\,000\,000 \; cm^3$ = _____________________ m^3

e) $547 \; cm^3$ = _____________________ mm^3

f) $92 \; m^3$ = _____________________ dm^3

g) $611 \; dm^3$ = _____________________ cm^3

h) $2100 \; cm^3$ = _____________________ mm^3

i) $3 \; km^3$ = _____________________ m^3

52

Name: __________________________

Berechne die folgenden Rauminhalte und gib das Ergebnis jeweils mit der kleinsten natürlichen Maßzahl an.

a) $500 \text{ dm}^3 + 300 \text{ dm}^3 + 200 \text{ dm}^3 =$ *1000 dm³ = 1 m³* ✓

b) $5 \cdot 400 \text{ dm}^3 =$

c) $2 \cdot 800 \text{ cm}^3 + 2 \text{ dm}^3 =$

d) $4 \cdot (750 \text{ cm}^3 + 2 \text{ dm}^3) =$

e) $300 \text{ m}^3 - (20 \text{ m}^3 - 10 \text{ m}^3) =$

f) $2 \text{ cm}^3 - 350 \text{ mm}^3 - 150 \text{ mm}^3 =$

g) $12 \cdot 120 \text{ cm}^3 + 560 \text{ cm}^3 =$

h) $1 \text{ m}^3 - 1 \text{ dm}^3 =$

i) $1 \text{ m}^3 - 1 \text{ cm}^3 =$

Name: __________________________

Und dann sind da noch ein paar kleine Aufgaben aus dem Alltag …

a) Paul erhält von seiner Mutter einen großen Topf mit $2\,\ell$ Pudding.

   Wie oft kann er sich sein Schälchen mit dem Pudding voll füllen, wenn das Schälchen mit 160 cm^3 gefüllt ist?

b) Aus einem Schwimmbad soll Wasser abgelassen werden. Pro Minute fließen 40 Liter Wasser durch die Leitungen ab.

   Wie viel Wasser befindet sich noch nach 12 Stunden in dem Schwimmbad, wenn zu Beginn 60 m^3 Wasser im Becken waren?

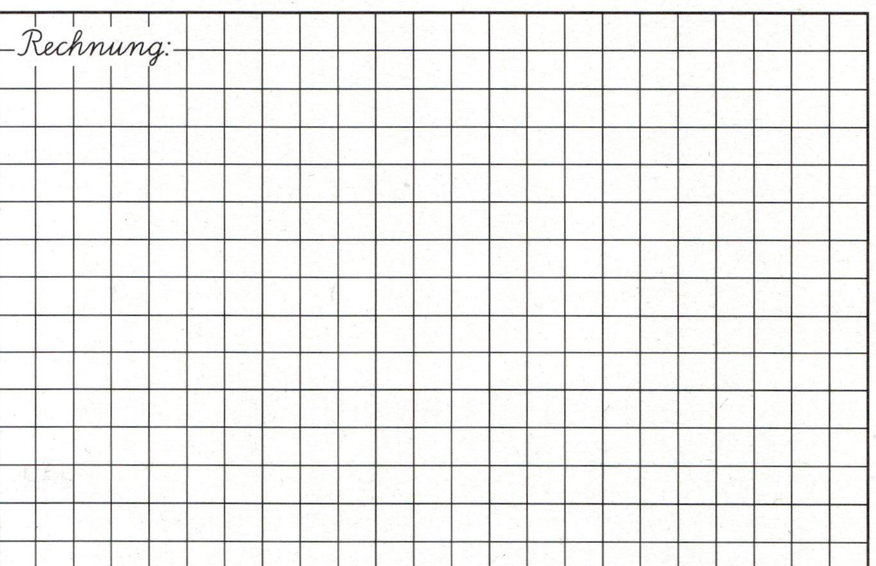

Lösungen

	Übung 1	Übung 2	Übung 3
a)	60	1 dm³	1 m³
b)	168	20 m³	2 m³
c)	600	240 cm³	3600 cm³
d)		10 m³	11 dm³
e)		547 000 mm³	290 m³
f)		92 000 dm³	1500 mm³
g)		611 000 cm³	2 dm³
h)		2 100 000 mm³	999 dm³
i)		3 000 000 000 m³	999 999 cm³

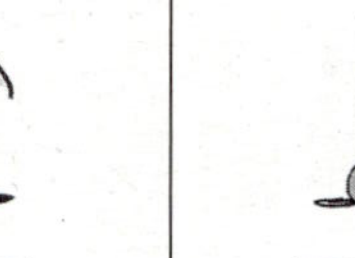

Lösungen

	Übung 4
a)	**Rechnung** Puddingmenge zu Beginn: 2 ℓ = 2000 cm³ Anzahl der Schälchen: 2000 cm³ : 160 cm³ = 12 Rest 80 cm³ **Antwort** Das Schälchen kann 12-mal mit Pudding voll gefüllt werden.
b)	**Rechnung** Wassermenge zu Beginn: 60 m³ = 60 000 ℓ Abgeflossene Wassermenge nach einer Stunde: 60 · 40 ℓ = 2400 ℓ Abgeflossene Wassermenge nach 12 Stunden: 12 · 2400 ℓ = 28 800 ℓ Verbleibende Wassermenge nach 12 Stunden: 60 000 ℓ – 28 800 ℓ = 31 200 ℓ **Antwort** Nach 12 Stunden befinden sich noch 31 200 ℓ Wasser im Schwimmbad.

54

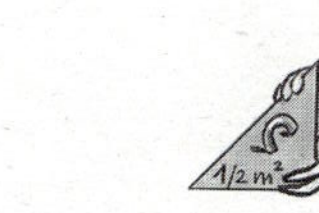

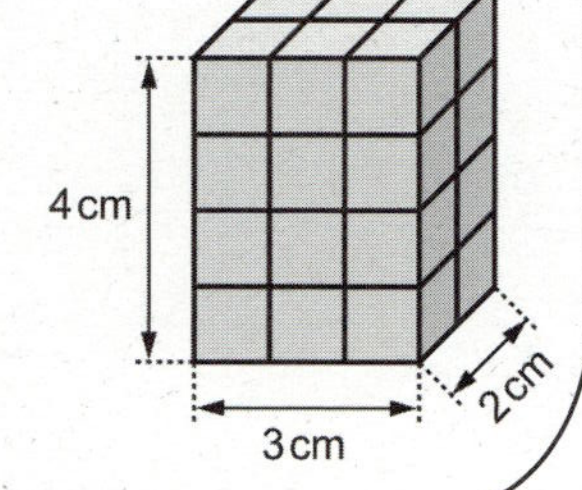

55

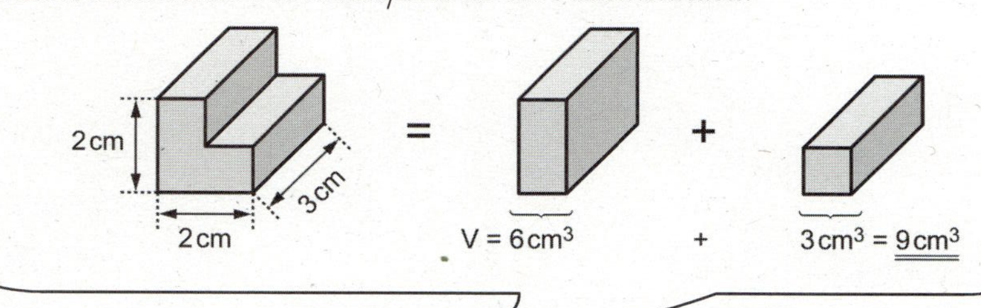

Spielbeschreibung

Dieses Spiel könnt ihr zu zweit oder zu dritt spielen.
Zur Vorbereitung erstellt sich jeder Spieler eine Tabelle mit den Überschriften:

Länge	Breite	Höhe	Oberfläche	Rauminhalt
2 cm	3 cm	4 cm	$52\ cm^2$	$12\ cm^3$

Der Reihe nach würfelt ihr nun dreimal mit einem Würfel und tragt die erwürfelten Werte mit der Maßzahl *cm* für die *Länge*, die *Breite* und die *Höhe* eines Quaders in die Tabelle ein. Anschließend könnt ihr wie im Beispiel mit den Werten auch die Oberfläche und den Rauminhalt des Quaders bestimmen.
In den weiteren Runden bestimmt und berechnet ihr in gleicher Weise die Werte für die nächsten Quader.

Ziel des Spiels ist es, einen möglichst großen Gesamt-Rauminhalt zu erhalten. Hierbei könnt ihr selbst entscheiden, wie viele Runden ihr spielen wollt. Aber Vorsicht! Sobald die Gesamtoberfläche aller Quader eines Schülers größer als *1 m²* ist, hat er sofort verloren.

III-4 Rauminhalte von Quadern

Übung 1

Name: _______________________________

Berechne die Rauminhalte und Oberflächen der abgebildeten Quader.

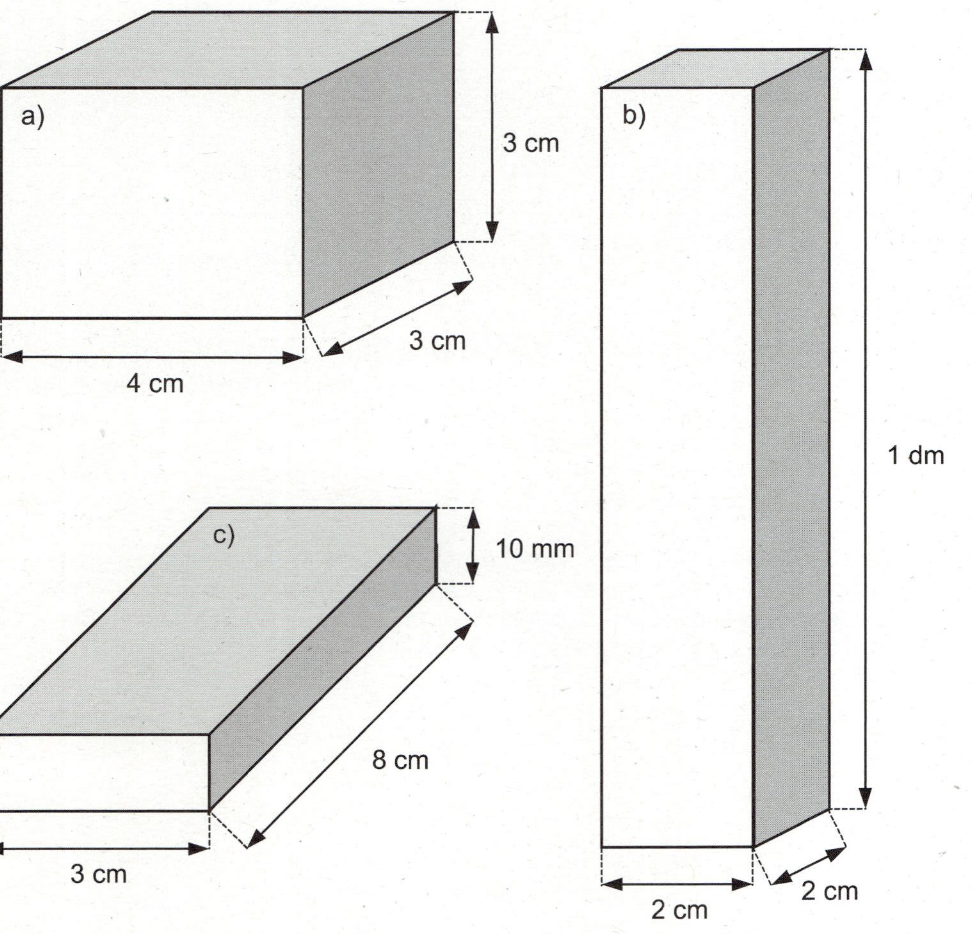

III-4 Rauminhalte von Quadern

Übung 2

Name: _______________________________

Fülle die Tabelle aus.

	Länge	Breite	Höhe	Oberfläche	Rauminhalt
a)	2 cm	3 cm	4 cm	52 cm²	24 cm³
b)	3 cm	3 cm	1 cm		
c)	4 cm	4 cm	4 cm		
d)	3 cm	3 cm	7 cm		
e)	1 cm	1 cm	3 dm		
f)	2 dm	1 dm	5 cm		
g)		5 cm	5 cm		125 cm³
h)	3 cm	5 cm			90 cm³
i)	1 cm	1 cm		6 cm²	

Name:

Berechne die Rauminhalte und Oberflächen der beiden Körper.

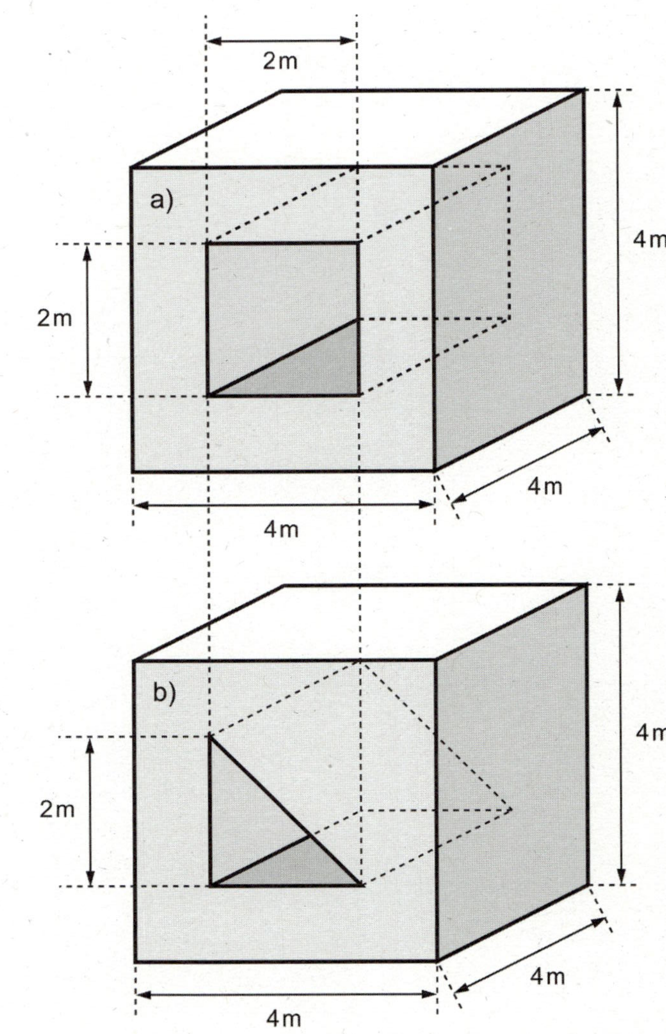

Name:

Berechne die Rauminhalte der beiden Körper.

Lösungen

	Übung 1	Übung 3	Übung 4
a)	O = 66 cm^2 V = 36 cm^3	V = 4 m^3 O = 18 m^2	V = 48 m^3
b)	O = 88 cm^2 V = 40 cm^3	V = 56 m^3 O = 120 m^2	V = 56 m^3
c)	O = 70 cm^2 V = 24 cm^3		
d)			
e)			
f)			
g)			
h)			
i)			

Lösungen

	Übung 2				
	Länge	Breite	Höhe	Oberfläche	Rauminhalt
a)	2 cm	3 cm	4 cm	52 cm^2	24 cm^3
b)	3 cm	3 cm	1 cm	30 cm^2	9 cm^3
c)	4 cm	4 cm	4 cm	96 cm^2	64 cm^3
d)	3 cm	3 cm	7 cm	102 cm^2	63 cm^3
e)	1 cm	1 cm	3 dm	122 cm^2	30 cm^3
f)	2 dm	1 dm	5 cm	700 cm^2	1 dm^3
g)	5 cm	5 cm	5 cm	150 cm^2	125cm^3
h)	3 cm	5 cm	6 cm	126 cm^2	90 cm^3
i)	1 cm	1 cm	1 cm	6 cm^2	1 cm^3

IV Kreis und Winkel

IV Kreis und Winkel

Protokoll

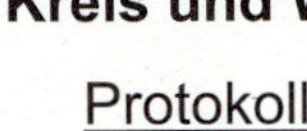

Einheit	Blatt	💡 ...	Datum	😀 zu leicht	🙂 genau richtig	🙁 zu schwer	Lehrer/-in
IV-1 Zahlenkreis und Winkel	Info						
	Spiel	💡💡					
	Übung 1	💡					
	Übung 2	💡💡💡					
	Übung 3	💡💡					
	Übung 4	💡💡💡					
IV-2 Zeichnen von Winkeln	Info						
	Spiel	💡💡					
	Übung 1	💡					
	Übung 2	💡💡					
	Übung 3	💡💡💡					
	Übung 4	💡💡💡					
IV-3 Messen der Winkelweite	Info						
	Spiel	💡💡					
	Übung 1	💡💡					
	Übung 2	💡					
	Übung 3	💡💡💡					
	Übung 4	💡💡					
IV-4 Besondere Winkel	Info						
	Spiel	💡💡💡					
	Übung 1	💡					
	Übung 2	💡💡					
	Übung 3	💡💡					
	Übung 4	💡💡💡					

Haben zwei Halbgeraden oder Strecken einen gemeinsamen Anfangspunkt, so entsteht ein Winkel. Die begrenzenden Halbgeraden oder Strecken des Winkels nennt man Schenkel, den Schnittpunkt der Schenkel Scheitelpunkt S. Mit einem Kreisbogen können wir einen Winkel grafisch darstellen. Geht man gegen den Uhrzeigersinn um den Scheitel S, so gelangt man vom 1. Schenkel zum 2. Schenkel des Winkels.

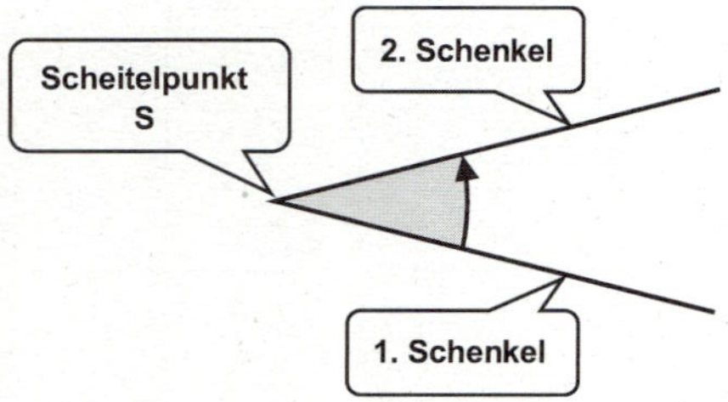

Ein Winkel kann entweder durch zwei Schenkel beschrieben werden...

... oder durch drei Punkte, wobei ein Punkt der Scheitel des Winkels ist.

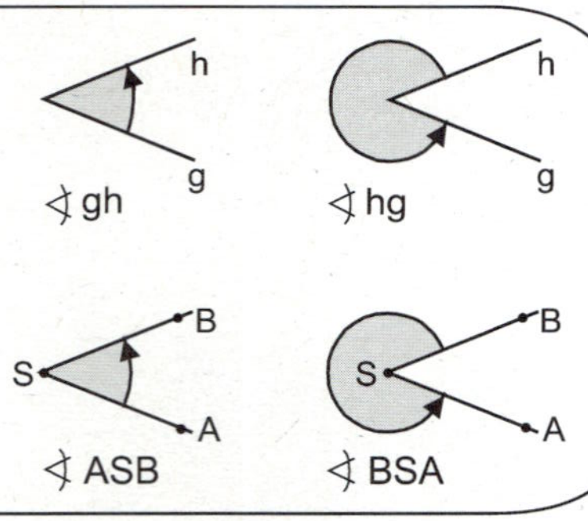

Spielbeschreibung

Dieses Spiel könnt ihr zu zweit oder dritt spielen.

Zu Beginn des Spiels stellt jeder Schüler eine Spielfigur auf die Startlinie. Anschließend bestimmt ihr mit zwei unterschiedlich gefärbten Würfeln die Winkelweite, die ihr mit eurer Spielfigur zu einer neuen Linie gegen den Uhrzeigersinn gehen dürft; hierbei legt der eine Würfel die Zehner und der andere die Einer der Winkelweite fest. Da die Kreisausschnitte der durch die fetten Linien begrenzten Viertelkreise gleich groß sind, lassen sich ihre Winkelweiten zwischen den andern Linien berechnen.

Beispiel: Um von der Startlinie zwei Linien weiterzugehen, müsst ihr mindestens eine 36 würfeln; bei der höchsten Zahl, einer 66, dürft ihr drei Felder weitergehen.

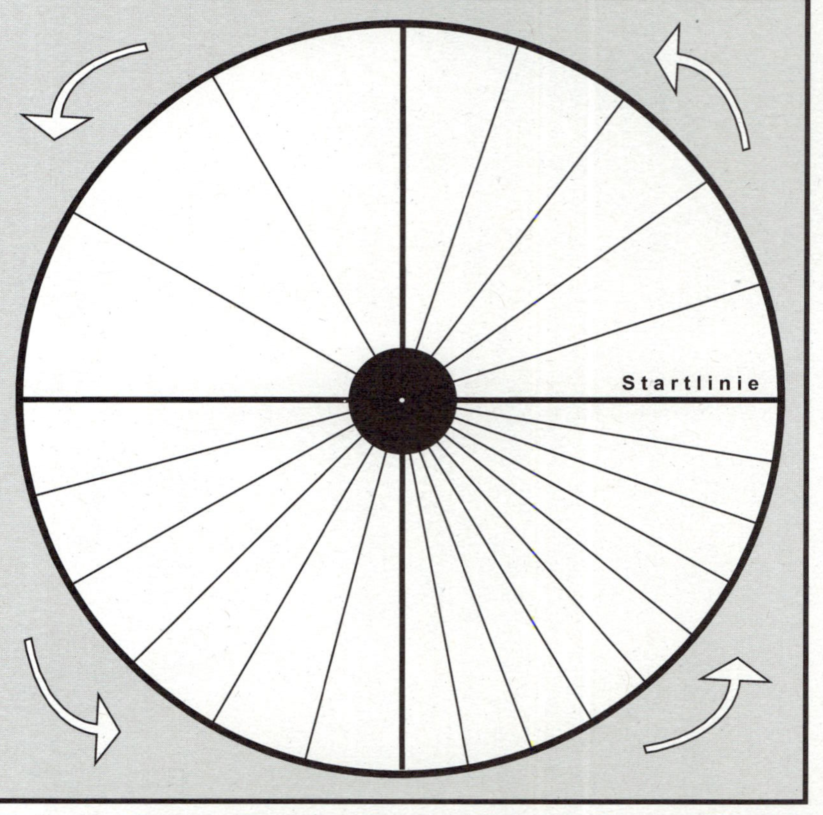

IV-1 Zahlenkreis und Winkel

Übung 1

Name: ___________________________

Ein runder Kuchen wird in gleiche Stücke geteilt. Bestimme jeweils die Winkelweiten der Kuchenstücke, wenn der Kuchen in …

a)   12 Stücke geteilt wird: ______ $30°$ ______ ✓

b)   6 Stücke geteilt wird: ___________________________

c)   4 Stücke geteilt wird: ___________________________

d)   36 Stücke geteilt wird: ___________________________

e)   3 Stücke geteilt wird: ___________________________

f)   10 Stücke geteilt wird: ___________________________

g)   72 Stücke geteilt wird: ___________________________

h)   360 Stücke geteilt wird: ___________________________

i)   1 Stück geteilt wird: ___________________________

IV-1 Zahlenkreis und Winkel

Übung 2

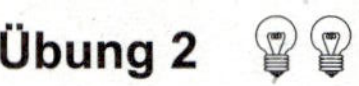

Name: ___________________________

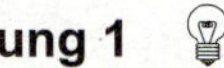

Um wie viel Grad drehen sich der Stunden- und der Minutenzeiger einer Uhr zwischen 12.00 Uhr und …

a)   13.00 Uhr?
Stundenzeiger: ______ $30°$ ______ , Minutenzeiger: ______ $360°$ ______ ✓

b)   12.30 Uhr?
Stundenzeiger: ___________ , Minutenzeiger: ___________

c)   12.20 Uhr?
Stundenzeiger: ___________ , Minutenzeiger: ___________

d)   14.00 Uhr?
Stundenzeiger: ___________ , Minutenzeiger: ___________

e)   13.30 Uhr?
Stundenzeiger: ___________ , Minutenzeiger: ___________

f)   12.10 Uhr?
Stundenzeiger: ___________ , Minutenzeiger: ___________

g)   13.40 Uhr?
Stundenzeiger: ___________ , Minutenzeiger: ___________

h)   18.00 Uhr?
Stundenzeiger: ___________ , Minutenzeiger: ___________

i)   12.02 Uhr?
Stundenzeiger: ___________ , Minutenzeiger: ___________

Name: ___________________________

Zeichne die folgenden Winkel in die beiden Abbildungen ein: ∢ im, ∢ jh, ∢ lg, ∢ kj, ∢ gk, ∢ lk, ∢ EAB, ∢ BDA, ∢ ABC, ∢ DCA und ∢ BED.

Name: ___________________________

Schreibe die Winkelangaben jeweils um.

a)	∢ gh	= ∢	*ABC* ✓
b)	∢ mk	= ∢	_________
c)	∢ mn	= ∢	_________
d)	∢ kj	= ∢	_________
e)	∢ iu	= ∢	_________
f)	∢ CBA	= ∢	_________
g)	∢ CFB	= ∢	_________
h)	∢ FDB	= ∢	_________
i)	∢ DEB	= ∢	_________

Lösungen

	Übung 1	Übung 2	Übung 4
a)	30°	SZ: 30° MZ: 360°	∢ gh = ∢ ABC
b)	60°	SZ: 15° MZ: 180°	∢ mk = ∢ BED
c)	90°	SZ: 10° MZ: 120°	∢ mn = ∢ EBD
d)	10°	SZ: 60° MZ: 720°	∢ kj = ∢ EDA
e)	120°	SZ: 45° MZ: 540°	∢ iu = ∢ CDF
f)	36°	SZ: 5° MZ: 60°	∢ CBA = ∢ hg
g)	5°	SZ: 50° MZ: 600°	∢ CFB = ∢ ts
h)	1°	SZ: 180° MZ: 2160°	∢ FDB = ∢ un
i)	360°	SZ: 1° MZ: 12°	∢ DEB = ∢ km

Lösungen

Übung 3

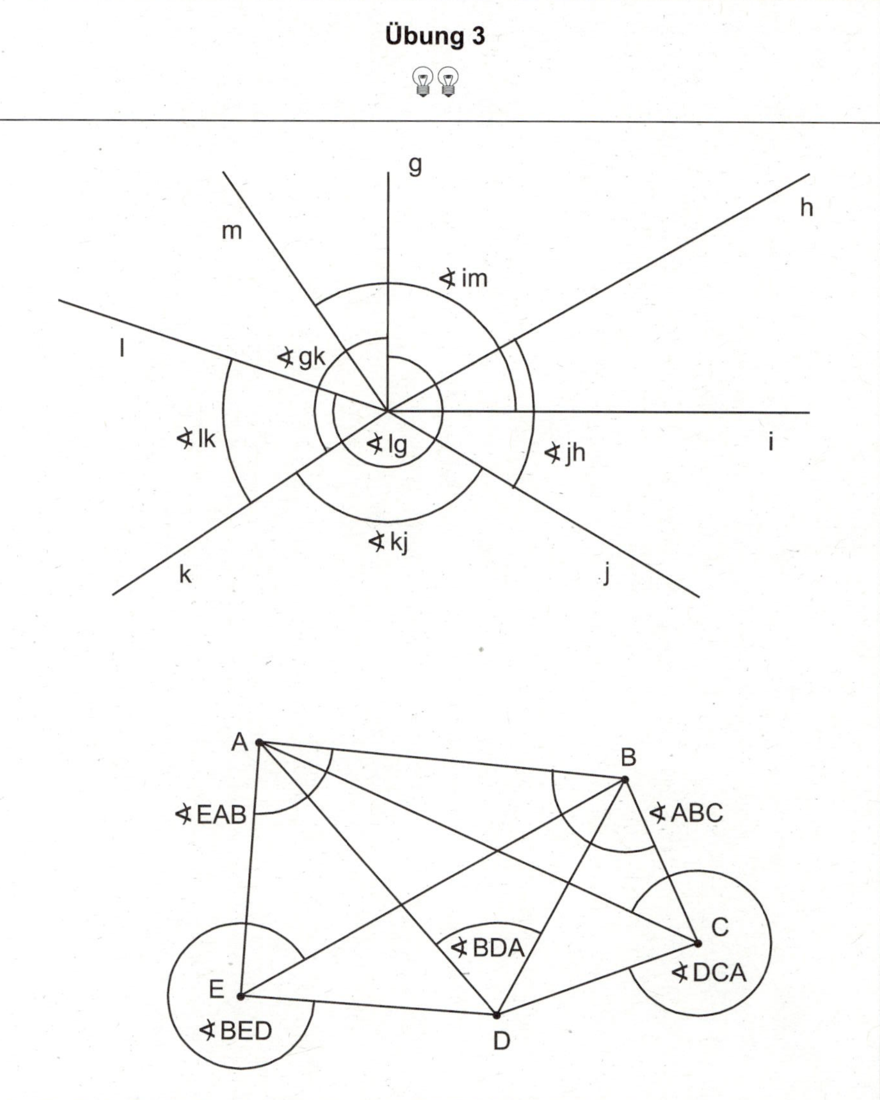

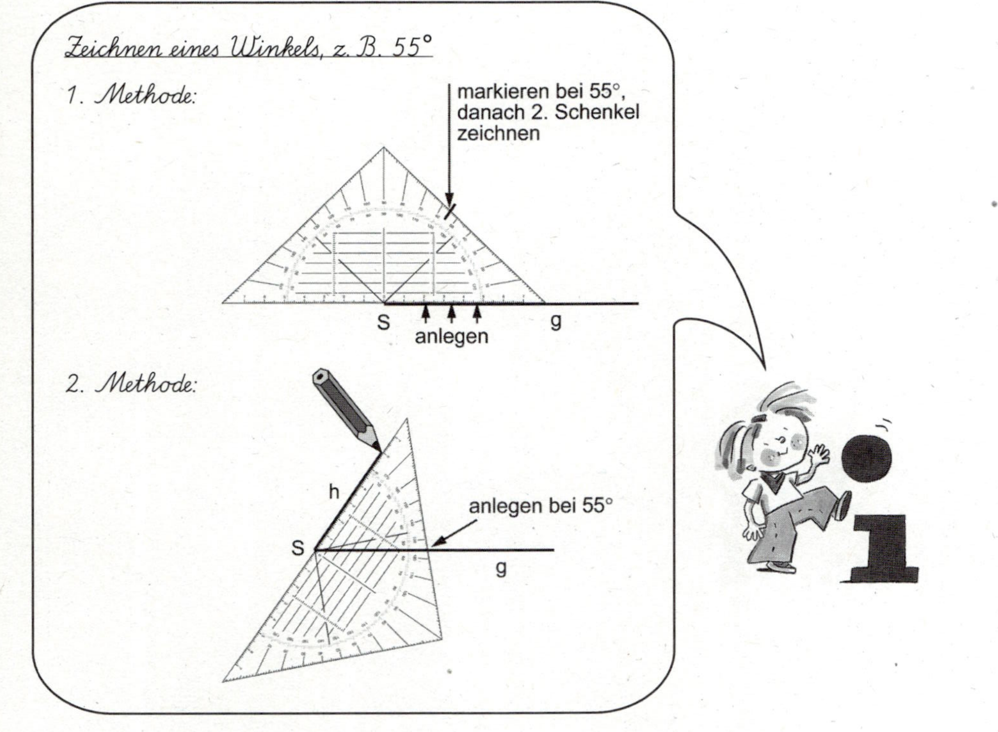

Spielbeschreibung

Um den ersten Buchstaben der Winkel-Botschaft zu entschlüsseln, musst du im Punkt M den im Startfeld angegebenen Winkel (gegen den Uhrzeigersinn) zeichnen, wobei der eine Schenkel des Winkels durch das Startfeld selbst vorgegeben ist. Der zweite Schenkel des Winkels führt dich zum nächsten Feld, in dem du im oberen Teil den ersten Buchstaben der Winkel-Botschaft findest. In der unteren Hälfte findest du das Winkelmaß, unter dem du in gleicher Weise den zweiten Buchstaben findest. Kannst du den ganzen Lösungssatz entschlüsseln?

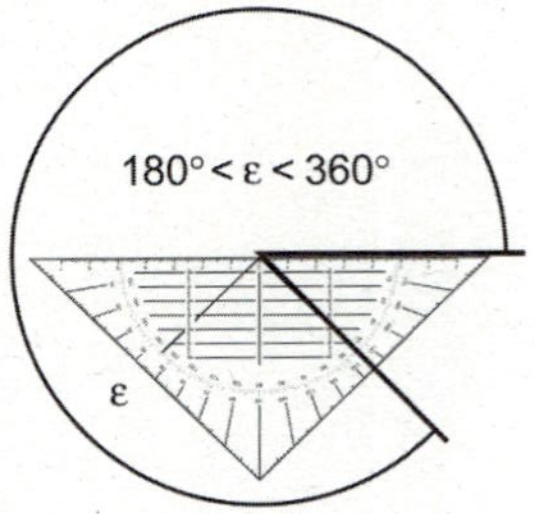

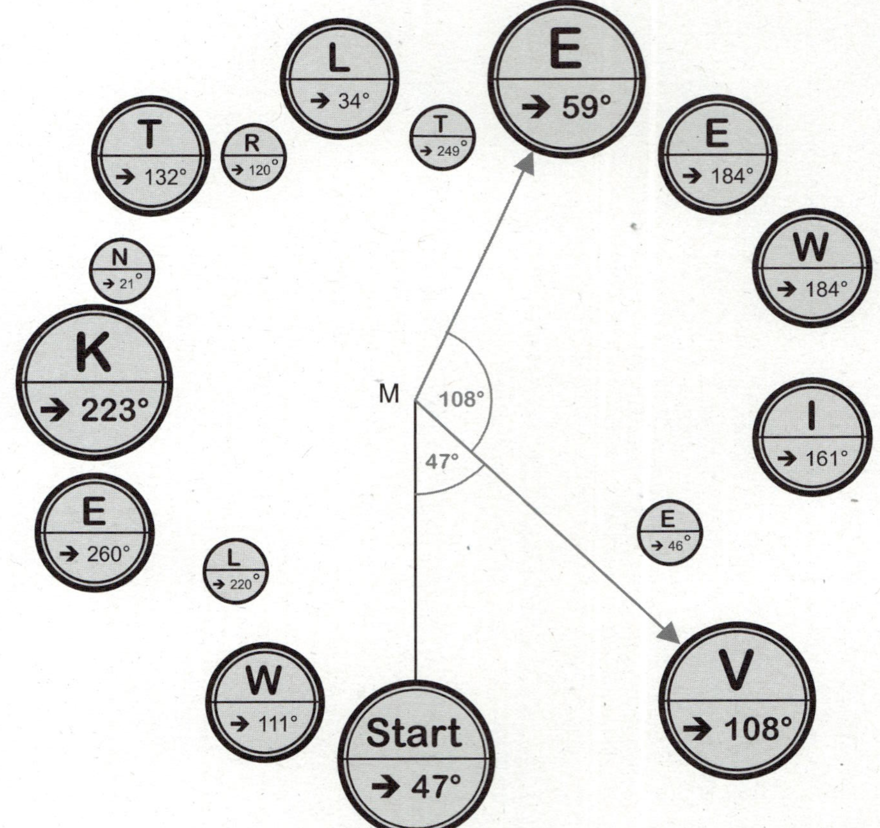

© Als Kopiervorlage freigegeben. Ernst Klett Verlag GmbH, Stuttgart 2003

IV-2 Zeichnen von Winkeln

Übung 1

Name: _______________________________

Zeichne einen Winkel mit 10°, 65°, 90°, 112°, 135° und 180°.

IV-2 Zeichnen von Winkeln

Übung 2

Name: _______________________________

Zeichne einen Winkel mit 190°, 210°, 270°, 332° und 360°.

IV-2 Zeichnen von Winkeln

Übung 3 

Name: ________________________

In einem Kreisdiagramm werden Häufigkeiten dargestellt.

a) Die Klasse 6c hat insgesamt 30 Schülerinnen und Schüler. Bei der Wahl zum Klassensprecher erhalten die fünf Kandidaten Arne, Daniel, Manuel, Lena und Christine folgende Stimmenzahl:

	Anzahl der Stimmen	Winkel
Arne	10	$360° : 3 = \underline{120°}$
Daniel	5	
Manuel	6	
Lena	3	
Christine	6	
Summe		

b) Stelle ihre Anteile in einem Kreisdiagramm farbig dar.

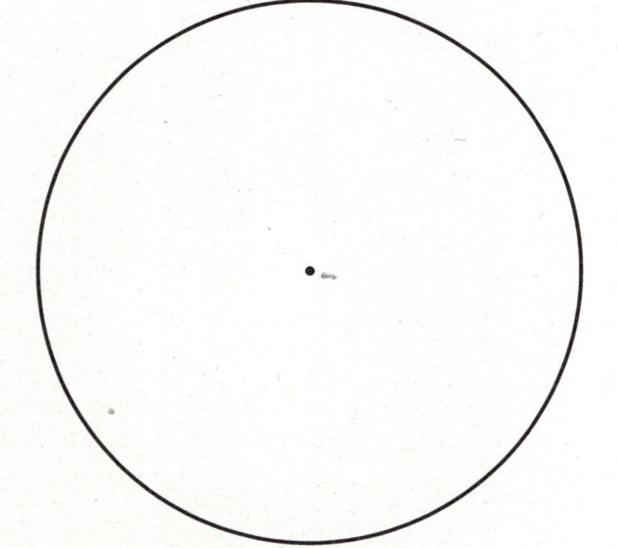

IV-2 Zeichnen von Winkeln

Übung 4 

Name: ________________________

Vervollständige die Dreiecke mit den angegebenen Winkeln.

a)

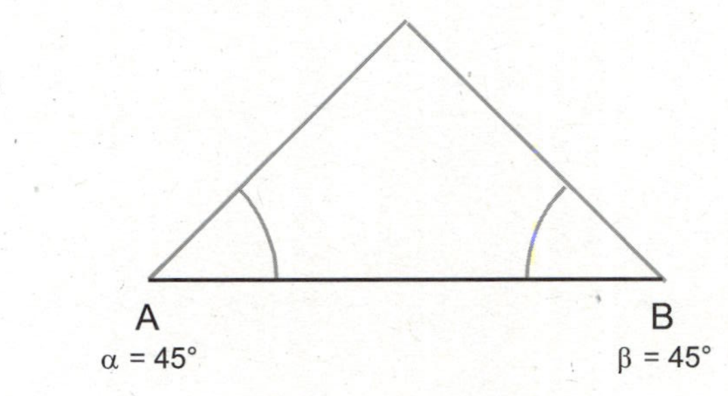

b)

A
α = 20°   B
β = 120°

c)

C
γ = 20°

A
α = 20°

66

IV-2 Zeichnen von Winkeln

Lösungen

Übung 1

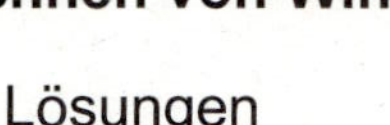

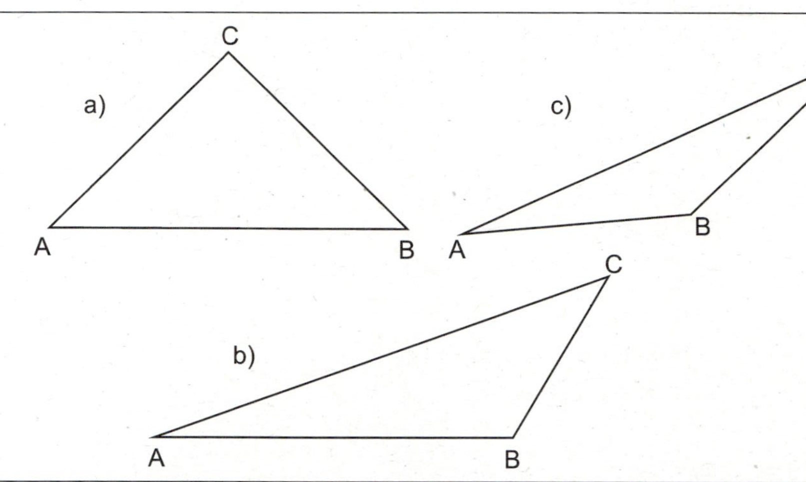

Übung 2

IV-2 Zeichnen von Winkeln

Lösungen

Übung 3

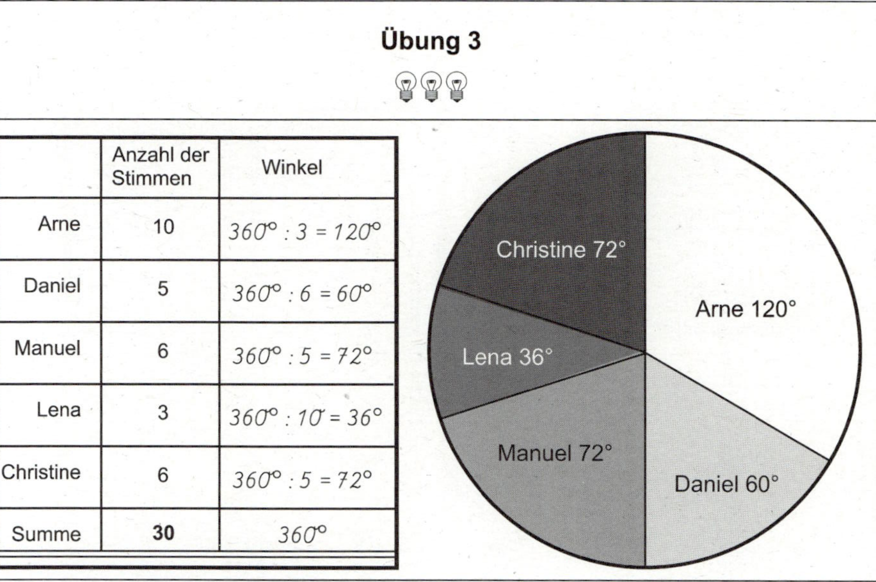

	Anzahl der Stimmen	Winkel
Arne	10	$360° : 3 = 120°$
Daniel	5	$360° : 6 = 60°$
Manuel	6	$360° : 5 = 72°$
Lena	3	$360° : 10 = 36°$
Christine	6	$360° : 5 = 72°$
Summe	**30**	$360°$

Übung 4

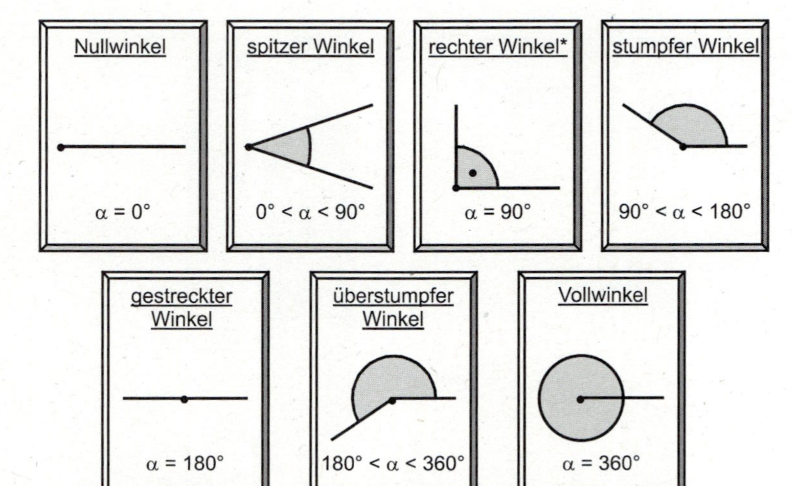

Die Familie der Winkel:

Nullwinkel	spitzer Winkel	rechter Winkel*	stumpfer Winkel
$\alpha = 0°$	$0° < \alpha < 90°$	$\alpha = 90°$	$90° < \alpha < 180°$

gestreckter Winkel	überstumpfer Winkel	Vollwinkel
$\alpha = 180°$	$180° < \alpha < 360°$	$\alpha = 360°$

*Bemerkung: Um einen rechten Winkel besonders zu kennzeichnen, erhält er häufig einen Punkt •.

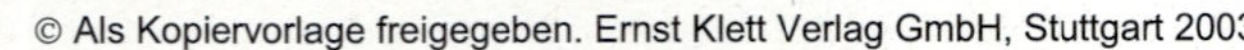

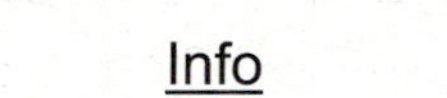
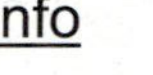

Spielbeschreibung

Taxifahrer Toni Turnschuh soll seinen Gast Leo Lustig nach Hause fahren. Da Leo nicht nur ein lustiger Geselle, sondern auch ein gewiefter Mathematiker ist, gibt er Toni an jeder Kreuzung die Winkelweite an, die zu seinem Haus führt:

Start ➜ 118° ➜ 206° ➜ 144° ➜ 32° ➜ 90° ➜ 180° ➜ 82° ➜ 325° ➜ 247° ➜ 62° ➜ 123° ➜ 332° ➜ 141° ➜ 255° ➜ Ziel

Wo wohnt Leo Lustig?

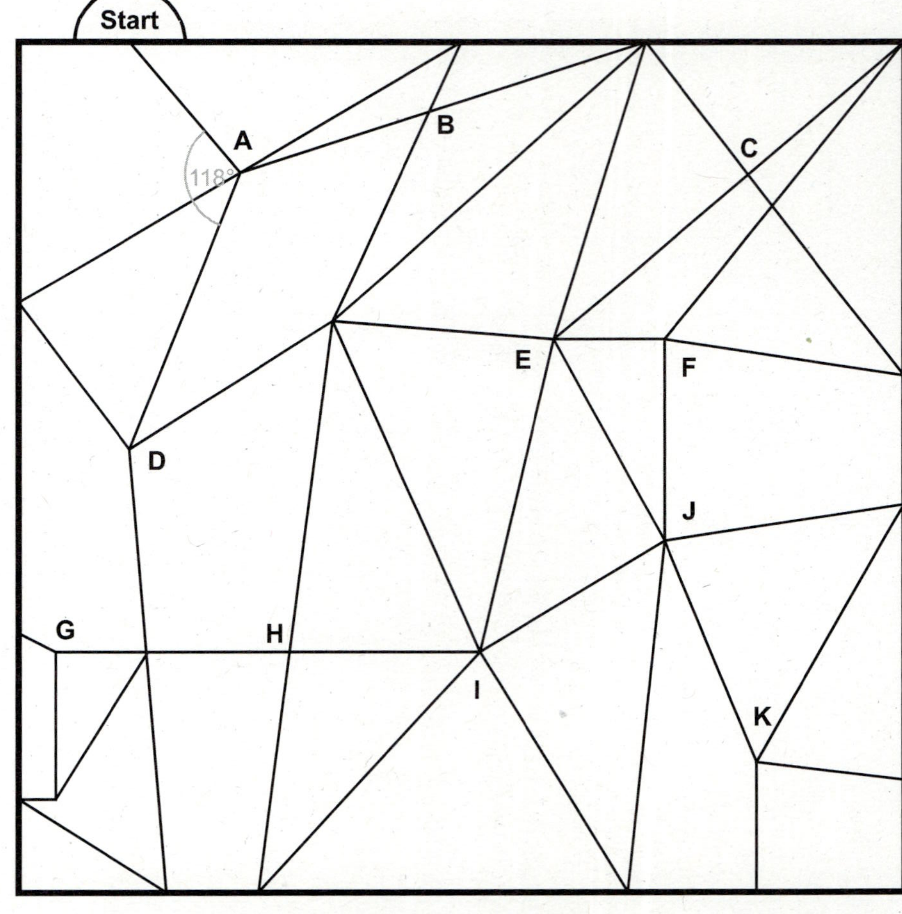

Übung 2

Name: _______________

Bauaufseher Peter Pingelich möchte das Dachgebälk überprüfen.
Wie groß sind die eingezeichneten Winkel?

Das Winkelhäuschen

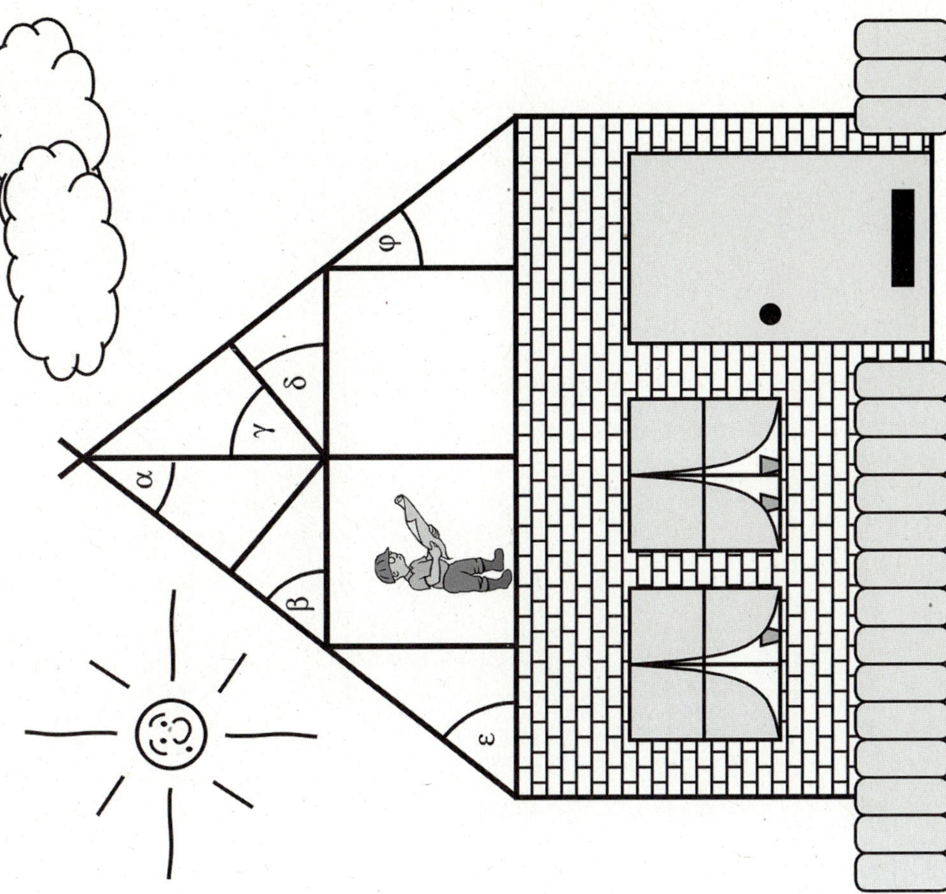

Übung 1

Name: _______________

Bestimme die folgenden Winkel und gib an, um welche Art von Winkel es sich
handelt.

a)

α

α = 45°, spitzer Winkel

b)

β

c).

δ

d)

γ_1 γ_2

e)

f)

ε

g)

φ

h)

φ

Übung 3

Name: _______________

Zeichne folgende Winkel und miss ihre Werte.
∢ hg, ∢ hm, ∢ mg, ∢ mn, ∢ BCA, ∢ ECA, ∢ CED und ∢ CDE.

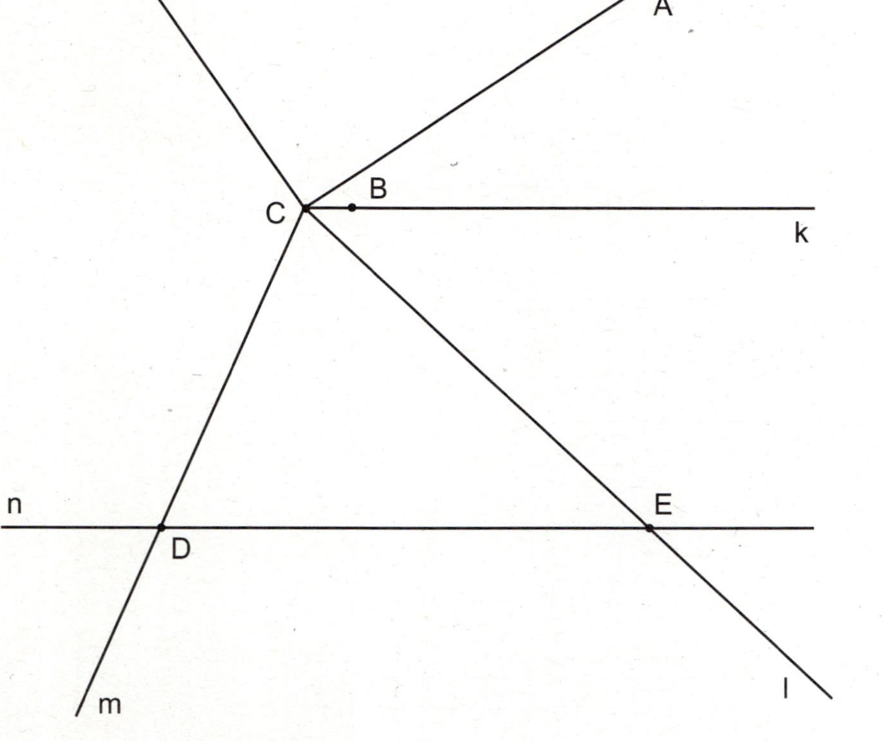

Übung 4

Name: _______________

Zeichne in das unten dargestellte Achsenkreuz das Viereck ABCD mit den Eckpunkten A(1|1), B(9|2), C(4|4) und D(4|9). Miss anschließend die vier Innenwinkel und berechne deren Summe.

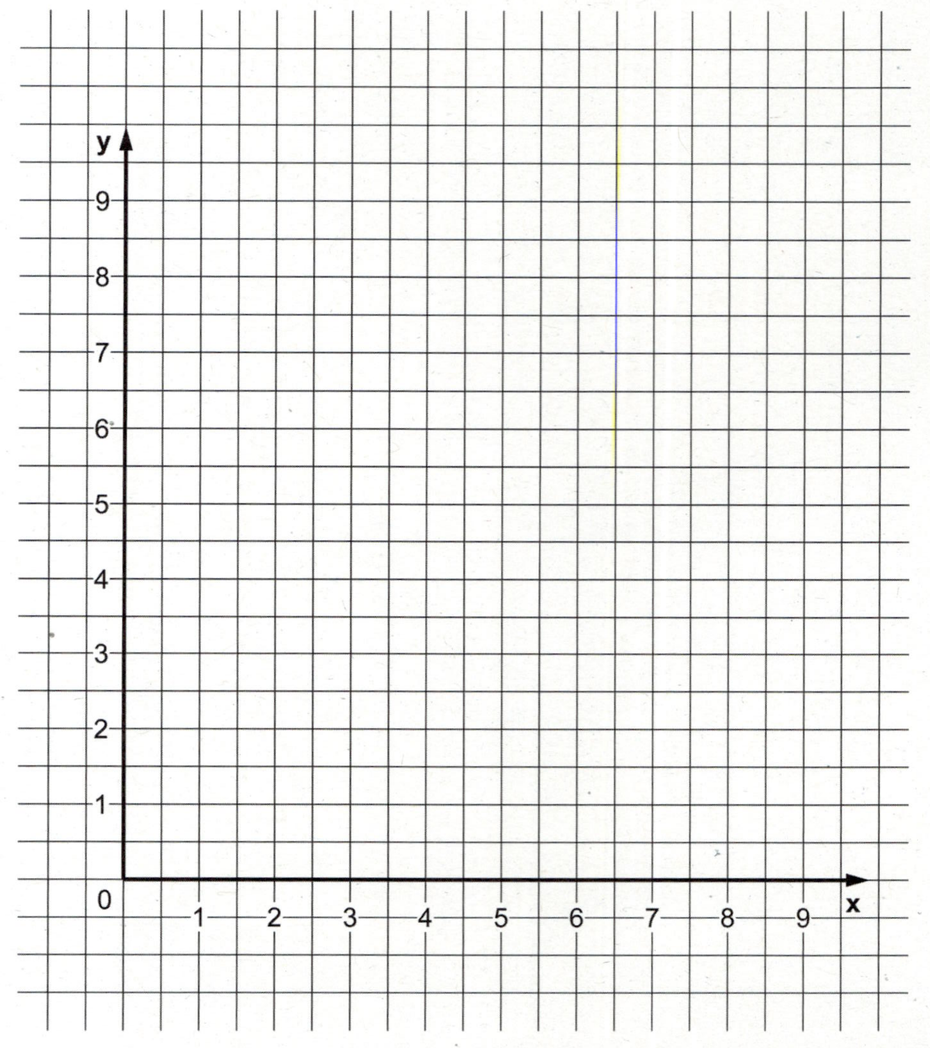

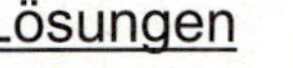
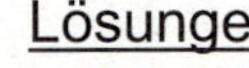

	Übung 1	Übung 2	Übung 4
a)	α = 45° spitzer Winkel	α = 38°	∢ BAD = 63°
b)	β = 90° rechter Winkel	β = 52°	∢ CBA = 28°
c)	δ = 9° spitzer Winkel	γ = 50°	∢ DCB = 248°
d)	γ_1 = 70° spitzer Winkel	δ = 40°	∢ ADC = 21°
e)	γ_2 = 110° stumpfer Winkel	ε = 52°	Winkelsumme: 360°
f)	ε = 215° überstumpfer Winkel	φ = 38°	
g)	φ = 100° stumpfer Winkel		
h)	ϕ = 285° überstumpfer Winkel		
i)			

71

Übung 3

Info

Winkel an Geradenschnittpunkten
Schneiden sich zwei Geraden, so entstehen insgesamt vier Winkel (α, β, γ und δ). Hierbei sind die gegenüberliegenden Winkel gleich groß, sie werden *Scheitelwinkel* genannt.

$$\alpha = \gamma \ und \ \beta = \delta$$

Weiterhin ist die Summe der Winkelweiten von jeweils zwei nebeneinander liegenden Winkeln 180°; diese werden *Nebenwinkel* genannt.
$$\alpha + \beta = 180°, \ \beta + \gamma = 180°, \ \gamma + \delta = 180° \ und \ \delta + \alpha = 180°.$$

Kleine Winkeleinheiten
Um auch sehr kleine Winkelweiten angeben zu können, hat man die Winkeleinheit 1° in 60 gleiche Teile unterteilt und nennt sie eine *Winkelminute* oder kurz: 1'. Es gilt also:

$$1° = 60'$$

Wird eine Winkelminute noch einmal in 60 gleiche Teile zerlegt, so erhält man schließlich eine *Winkelsekunde* oder kurz: 1". Damit erhalten wir:

$$1' = 60'' \quad oder \quad 1° = 60' = 3600''$$

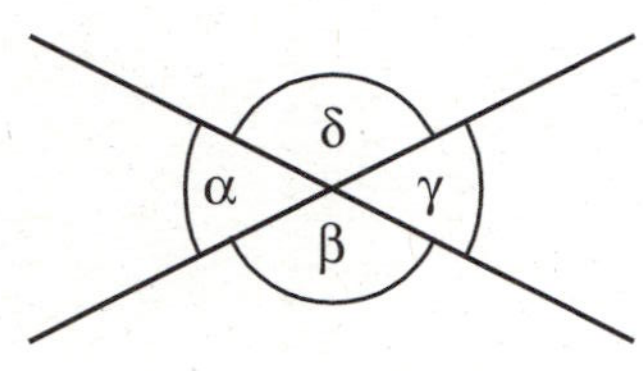

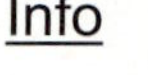

Spiel: Das Winkel-Alphabet

Spielbeschreibung

Bestimme zunächst (ohne zu messen) die in den Abbildungen angegebenen Winkel α bis ε. Trage diese anschließend in die Tabelle ein und berechne damit die Lösungswinkel (2. Spalte). Mit den Lösungswinkeln kannst du dann (wie im Beispiel) die Lösungsbuchstaben bestimmen.

Beispiel:
Lösungswinkel: $(47° + 3°) : 10 = 5° \Rightarrow$
Lösungsbuchstabe: „E"
(5. Buchstabe im Alphabet)

Die Lösungsbuchstaben ergeben schließlich – von oben nach unten gelesen – ein Lösungswort.

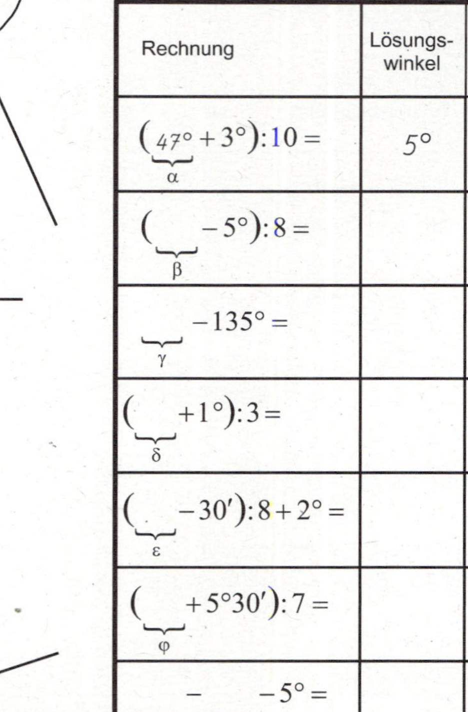

Rechnung	Lösungswinkel	Lösungsbuchstabe
$(\underbrace{47° + 3°}_{\alpha}) : 10 =$	5°	E
$(\underbrace{}_{\beta} - 5°) : 8 =$		
$\underbrace{}_{\gamma} - 135° =$		
$(\underbrace{}_{\delta} + 1°) : 3 =$		
$(\underbrace{}_{\varepsilon} - 30') : 8 + 2° =$		
$(\underbrace{}_{\varphi} + 5°30') : 7 =$		
$\underbrace{}_{\varphi} - \underbrace{}_{\varepsilon} - 5° =$		

Übung 1

Name: __________________________

Bestimme die fehlenden Winkel ohne Messung.

a)

$\beta =$ ______

b)

$\beta =$ ______ , $\gamma =$ ______ , $\delta =$ ______

c)

$\alpha =$ ______ , $\beta =$ ______ , $\gamma =$ ______ , $\delta =$ ______

IV-4 Besondere Winkel

Übung 2

Name: __________________________

Fülle die unten stehende Tabelle aus.

	Winkel	Nebenwinkel	Scheitelwinkel
a)	$\alpha_1 + \alpha_2$	$\alpha_3 + \alpha_4$ *oder* $\alpha_7 + \alpha_8$	
b)	$\alpha_5 + \alpha_6 + \alpha_7$		
c)		α_3	
d)		$\alpha_8 + \alpha_1 + \alpha_2$	
e)			α_6
f)			$\alpha_4 + \alpha_5 + \alpha_6$

IV-4 Besondere Winkel

Übung 3 

Name: _______________________

Da die Winkel der abgebildeten Figuren sehr klein sind, sollen die Figuren zunächst vergrößert werden, um die Winkel anschließend zu messen.

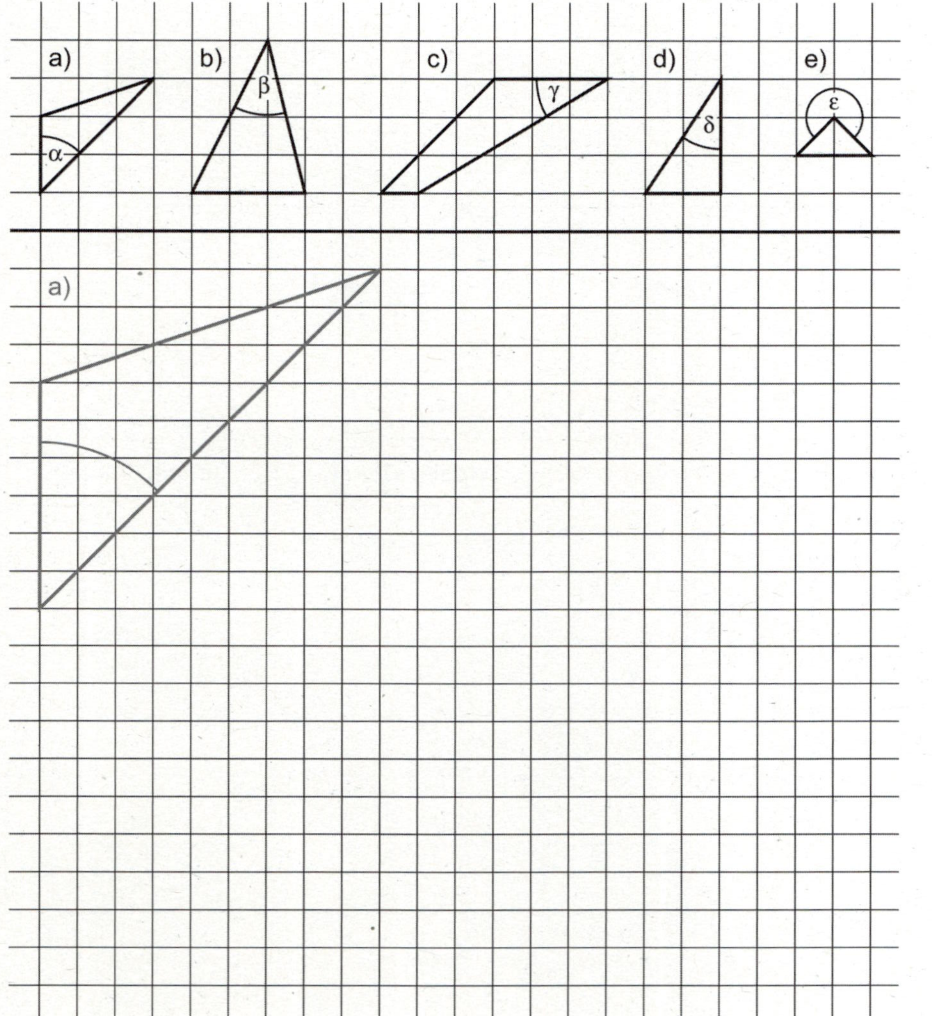

IV-4 Besondere Winkel

Übung 4 

Name: _______________________

Und noch ein paar schwerere Winkelaufgaben…

a) $1°10' - 30' = 70' - 30' = \underline{40'}$ ✓

b) $3°20' + 4°10' =$

c) $7°50' + 10°10' =$

d) $3°20'10'' + 4°25'40'' =$

e) $5°50'40'' + 4°30'20'' =$

f) $2°20'10'' - 9'20'' =$

g) $2° : 4 =$

h) $12 \cdot 5' + 360 \cdot 10'' =$

i) $5 \cdot (1°25' - 120'' : 2) =$

IV-4 Besondere Winkel

Lösungen

	Übung 1	Übung 3	Übung 4
a)	$\beta = 45°$	$\alpha = 45°$	40′
b)	$\beta = 128°$ $\gamma = 52°$ $\delta = 128°$	$\beta = 41°$	7°30′
c)	$\alpha = 20°$ $\beta = 98°$ $\gamma = 20°$ $\delta = 62°$	$\gamma = 31°$	18°
d)		$\delta = 34°$	7°45′50″
e)		$\varepsilon = 270°$	10°21′
f)			2°10′50″
g)			30′
h)			2°
i)			7°

IV-4 Besondere Winkel

Lösungen

	Übung 2		
	Winkel	**Nebenwinkel**	**Scheitelwinkel**
a)	$\alpha_1 + \alpha_2$	$\alpha_3 + \alpha_4$ oder $\alpha_7 + \alpha_8$	$\alpha_5 + \alpha_6$
b)	$\alpha_5 + \alpha_6 + \alpha_7$	α_4 oder α_8	$\alpha_1 + \alpha_2 + \alpha_3$
c)	$\alpha_4 + \alpha_5 + \alpha_6$ oder $\alpha_8 + \alpha_1 + \alpha_2$	α_3	$\alpha_8 + \alpha_1 + \alpha_2$ oder $\alpha_4 + \alpha_5 + \alpha_6$
d)	α_3 oder α_7	$\alpha_8 + \alpha_1 + \alpha_2$	α_7 oder α_3
e)	α_2	$\alpha_3 + \alpha_4 + \alpha_5$ oder $\alpha_7 + \alpha_8 + \alpha_1$	α_6
f)	$\alpha_8 + \alpha_1 + \alpha_2$	α_3 oder α_7	$\alpha_4 + \alpha_5 + \alpha_6$

V Abbilden von Figuren

V Abbilden von Figuren

Protokoll

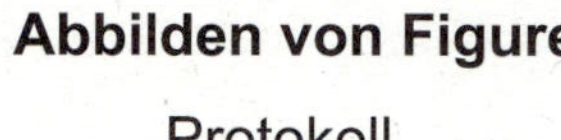

Einheit	Blatt	💡 . . .	Datum	😐 zu leicht	🙂 genau richtig	🙁 zu schwer	Lehrer/-in
V-1 Spiegeln an einer Geraden	Info						
	Spiel	💡💡💡					
	Übung 1	💡					
	Übung 2	💡💡					
	Übung 3	💡💡					
	Übung 4	💡💡💡					
V-2 Spiegeln an einem Punkt	Info						
	Spiel	💡💡					
	Übung 1	💡					
	Übung 2	💡💡					
	Übung 3	💡💡💡					
	Übung 4	💡💡					
V-3 Verschieben – Drehen um einen Punkt	Info						
	Spiel	💡					
	Übung 1	💡					
	Übung 2	💡💡					
	Übung 3	💡💡					
	Übung 4	💡💡💡					
V-4 Verkettung von Abbildungen	Info						
	Spiel	💡💡					
	Übung 1	💡					
	Übung 2	💡💡					
	Übung 3	💡💡💡					
	Übung 4	💡💡💡					

V-1 Spiegeln an einer Geraden

Info

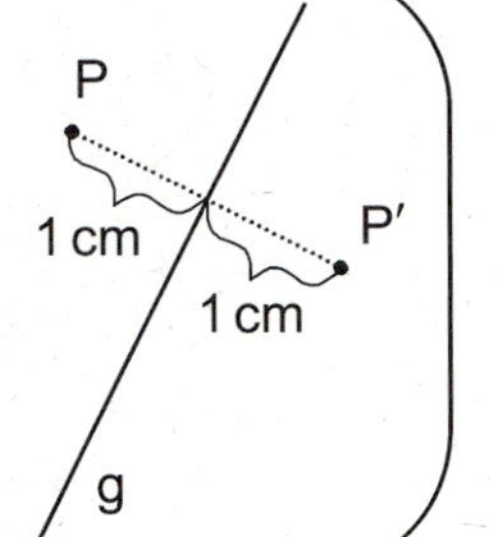

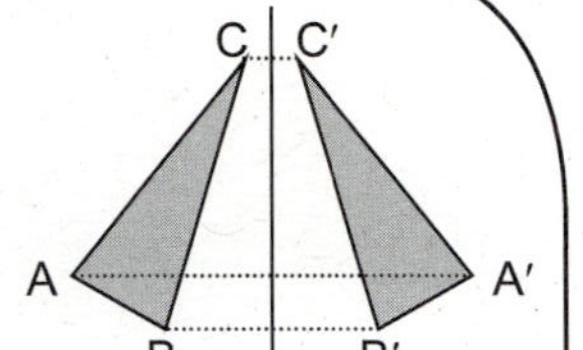

V-1 Spiegeln an einer Geraden

Spiel: Kreuz und Quer

Spielbeschreibung

Gesucht ist der Vorname des Mathematikers Gauß. Der erste Buchstabe des Vornamens ist der Hochwert des Startpunktes (3|C). Um den nächsten Buchstaben zu bestimmen, musst du den Startpunkt an der Geraden g_3 (3 = Rechtswert des Startpunktes) spiegeln. Der Hochwert des Bildpunktes gibt den zweiten Buchstaben des Lösungswortes an und der Rechtswert die Gerade, an der dieser Bildpunkt im nächsten Schritt zu spiegeln ist. Wenn du in dieser Form den Punkt immer weiter abbildest, erhältst du – Buchstabe für Buchstabe – den Vornamen vom Mathematiker Gauß.

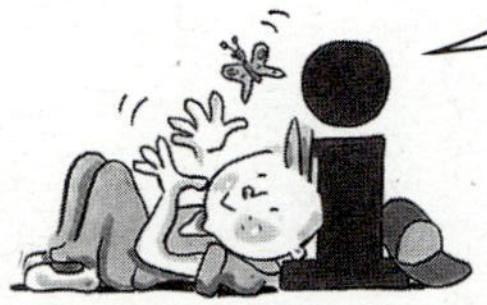

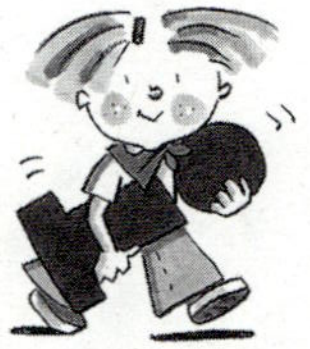

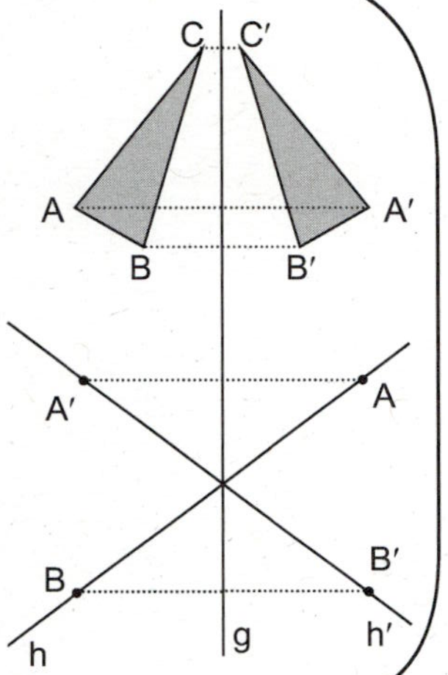

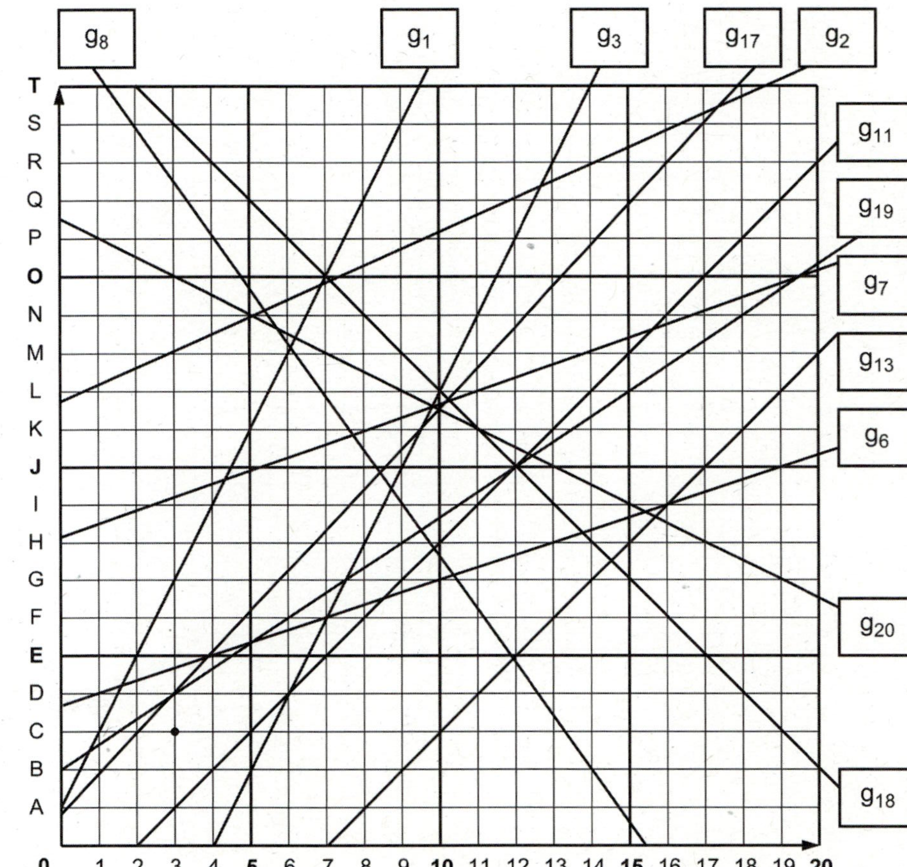

V-1 Spiegeln an einer Geraden

Übung 1 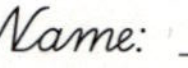

Name: _______________________

Zeichne in das abgebildete Gitter die Punkte A(3|9), B(1|5), C(5|6), D(10|5), und E(8|2). Bestimme anschließend die Bildpunkte, die man durch Spiegelung der Punkte A bis E an der Geraden g erhält.

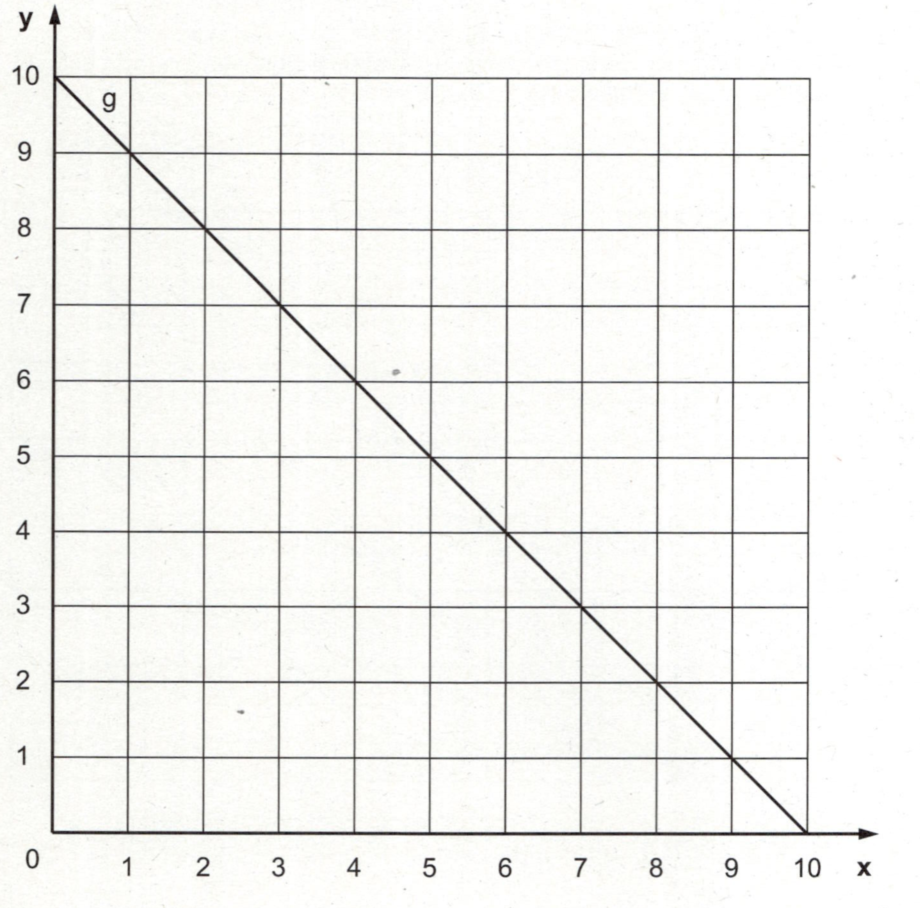

V-1 Spiegeln an einer Geraden

Übung 2 

Name: _______________________

Spiegele die Punkte P und Q, das Dreieck $\triangle ABC$ und das Dreieck $\triangle DEF$ an der Geraden g.

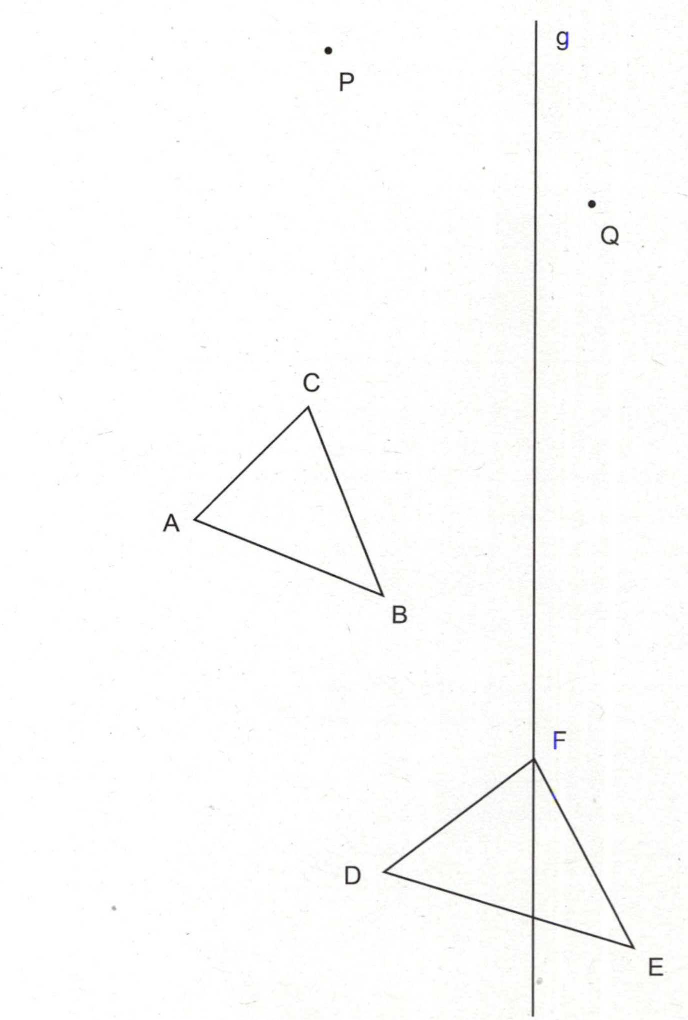

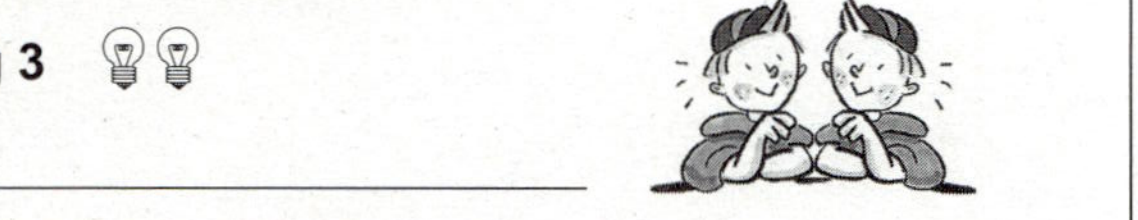

V-1 Spiegeln an einer Geraden

Übung 3

Name: ___________________________

Zeichne in das abgebildete Gitter das Sechseck mit A(3|3), B(5|4), C(6|6),
D(5|8), E(2|8) und F(1|4). Spiegele dieses Sechseck so, dass die Punkte A
und C Fixpunkte sind. Wo liegen die Punkte B′, D′, E′ und F′?

V-1 Spiegeln an einer Geraden

Übung 4

Name: ___________________________

Konstruiere die vier Mittelsenkrechten der vier Seiten des abgebildeten Vier-
ecks. Was kannst Du feststellen?

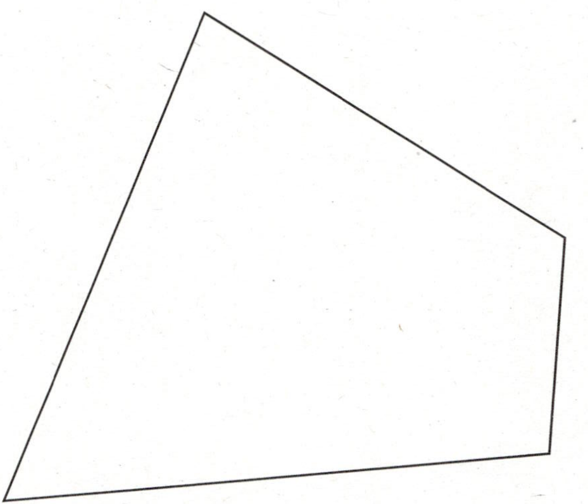

Übung 1

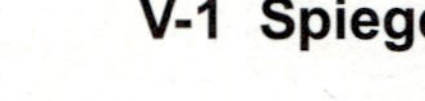

$A'(1|7)$, $B'(5|9)$, $C'(4|5)$, $D'(5|0)$, $E'(8|2)$.

Übung 2

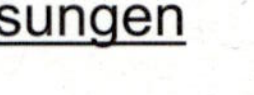

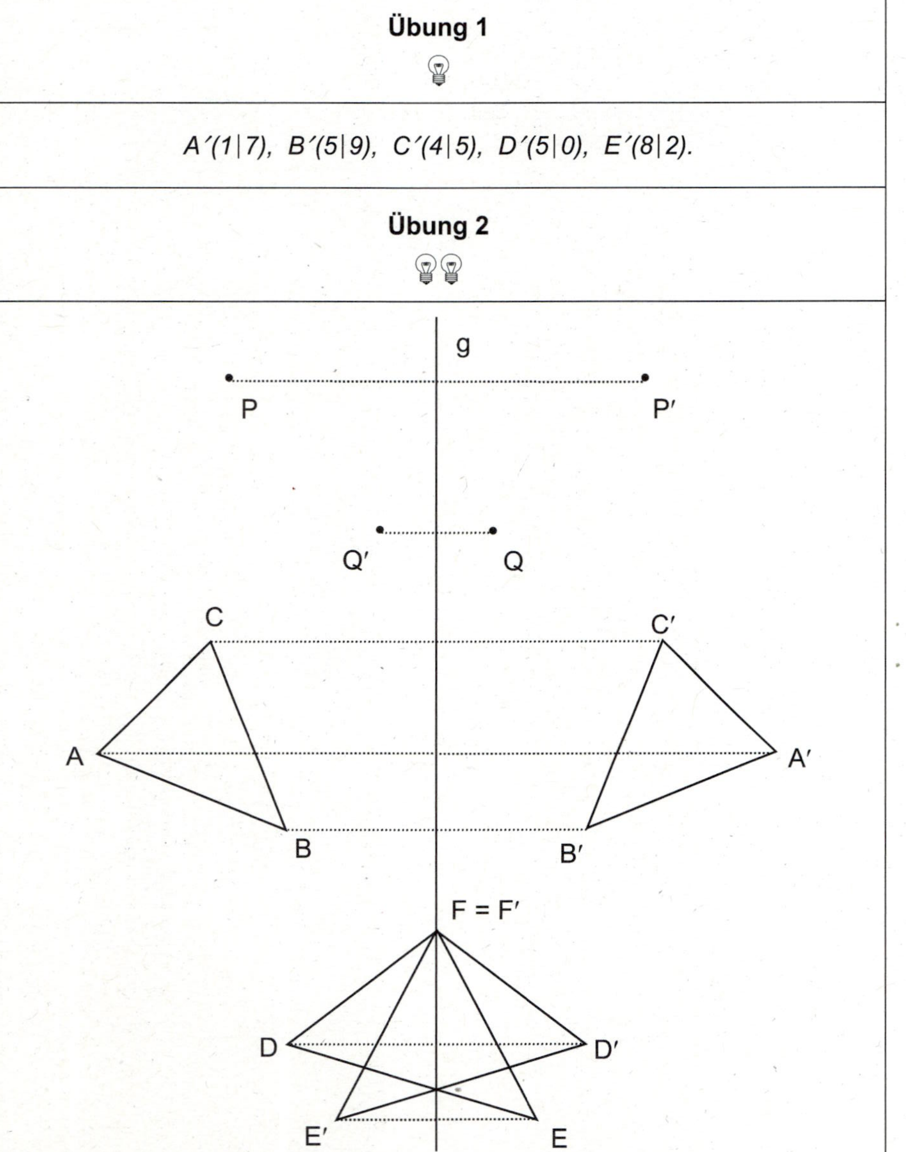

Übung 3

$B'(4|5)$, $D'(8|5)$, $E'(8|2)$, $F'(4|1)$

Übung 4

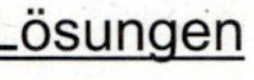

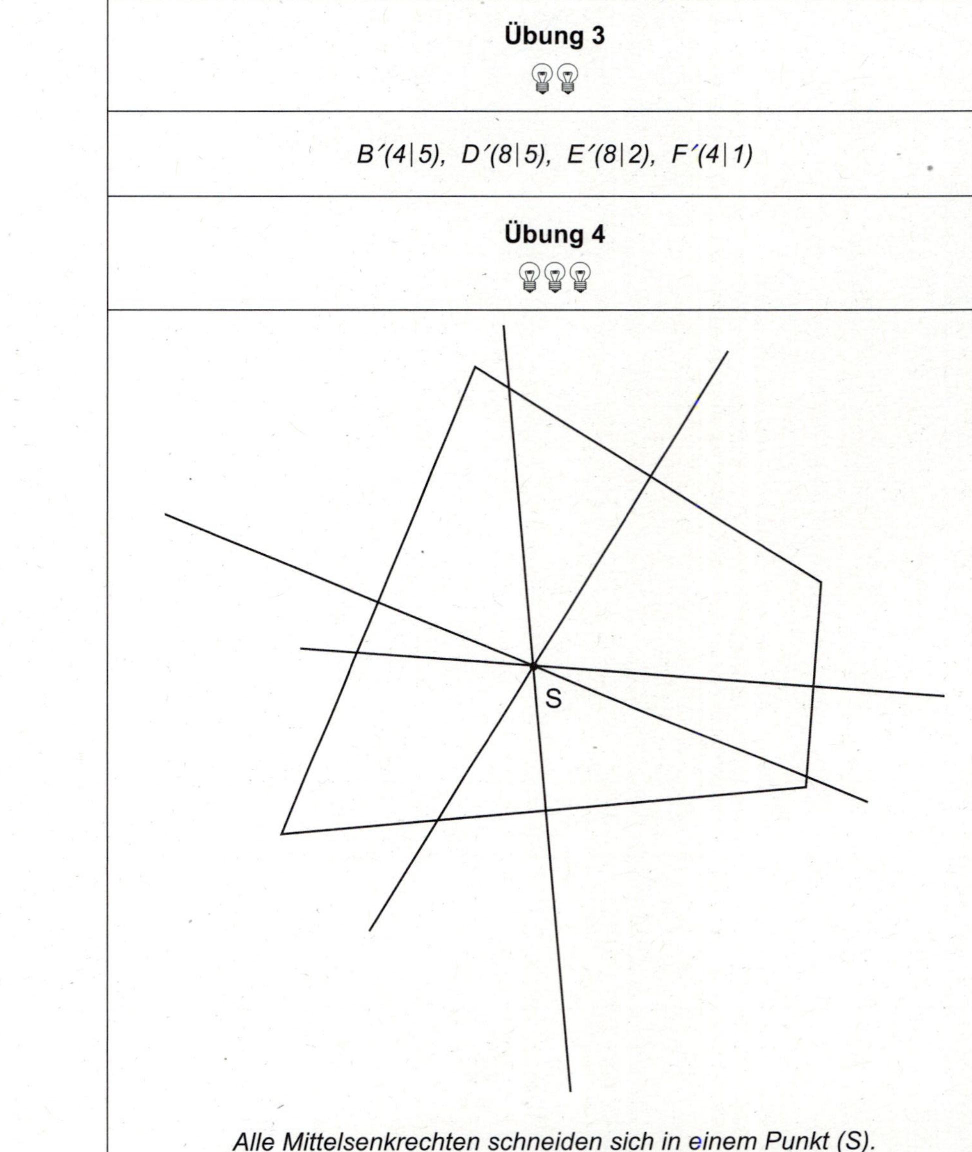

Alle Mittelsenkrechten schneiden sich in einem Punkt (S).

V-2 Spiegeln an einem Punkt

Info

Um einen Punkt P an einem Punkt Z zu spiegeln, zeichnen wir zunächst eine Gerade g durch P und Z. Den Spiegelpunkt P' erhalten wir, indem wir auf der der anderen Seite von g die gleiche Strecke abtragen, wie der Abstand von P zu g. (In der Abbildung ist diese Strecke also 1 cm.)

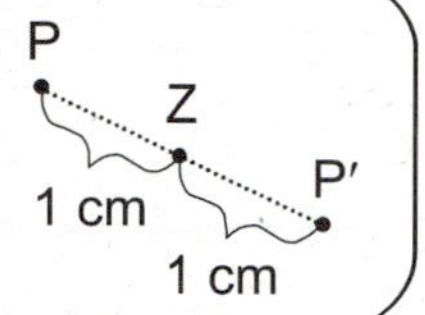

Um ein Dreieck, ein Viereck oder eine andere Figur an einem Punkt zu spiegeln, müssen wir zunächst die Eckpunkte der Figur spiegeln und die Bildpunkte anschließend verbinden.

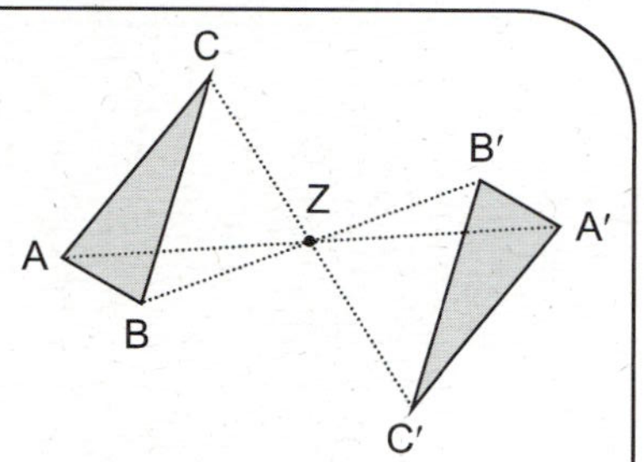

Um eine Gerade h an einem Punkt Z zu spiegeln, legen wir zunächst zwei beliebige Punkte A und B auf der Geraden h fest und spiegeln diese an Z. Die Bildgerade h' erhalten wir, wenn wir eine Gerade durch die gespiegelten Punkte A' und B' zeichnen. (Gerade und Bildgerade liegen immer parallel zueinander.)

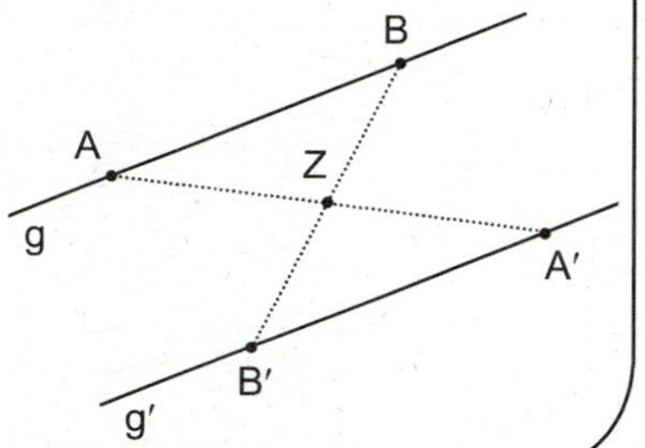

Eine Gerade, die genau durch den Punkt Z geht, wird auf sich selbst abgebildet und heißt Fixgerade.

V-2 Spiegeln an einem Punkt

Spiel: Geo-Fußball

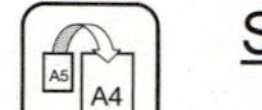

Spielbeschreibung

Dieses Spiel könnt ihr zu zweit spielen.
Zu Beginn des Spiels wird der Fußball (eine Spielfigur) auf den Anstoßpunkt in der Mitte des Spielfeldes gestellt. Darüber hinaus entscheidet sich jeder der beiden Spieler für eine Spielseite.

Spieler 1 eröffnet das Spiel, indem er mit dem Würfel die Anzahl der Wege (rechts, links, hoch, runter oder diagonal) bestimmt, die der Fußball geschossen werden soll. Ferner darf er den Ball vor oder nach seinem Schuss mithilfe eines Mitspielers passen; dies geschieht durch eine Punktspiegelung an einem der Spiegelpunkte P_1 bis P_6. Es sind alle Schüsse erlaubt, solange der Ball innerhalb des Spielfeldes bleibt. Anschließend kann Spieler 2 den Ball in gleicher Weise befördern.

Ein Tor erzielt ihr, indem ihr den Fußball auf oder über einen der drei Gitterpunkte des gegnerischen Tores befördert. Gewonnen hat der Schüler, der nach einer vorgegebenen Zeit die meisten Tore erzielen konnte.

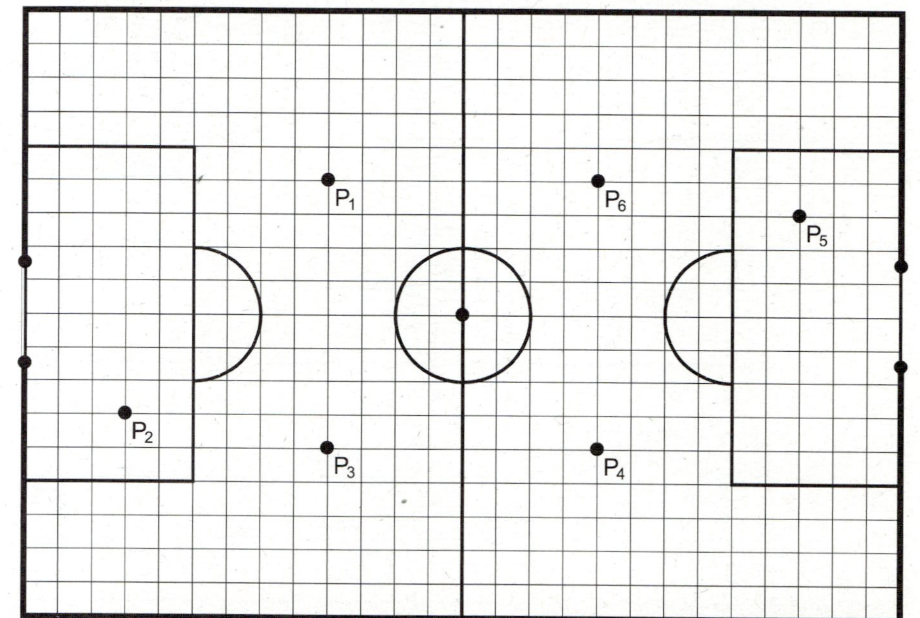

Name: _______________________

Spiegele die Punkte A bis F an dem Punkt Z (5|4).

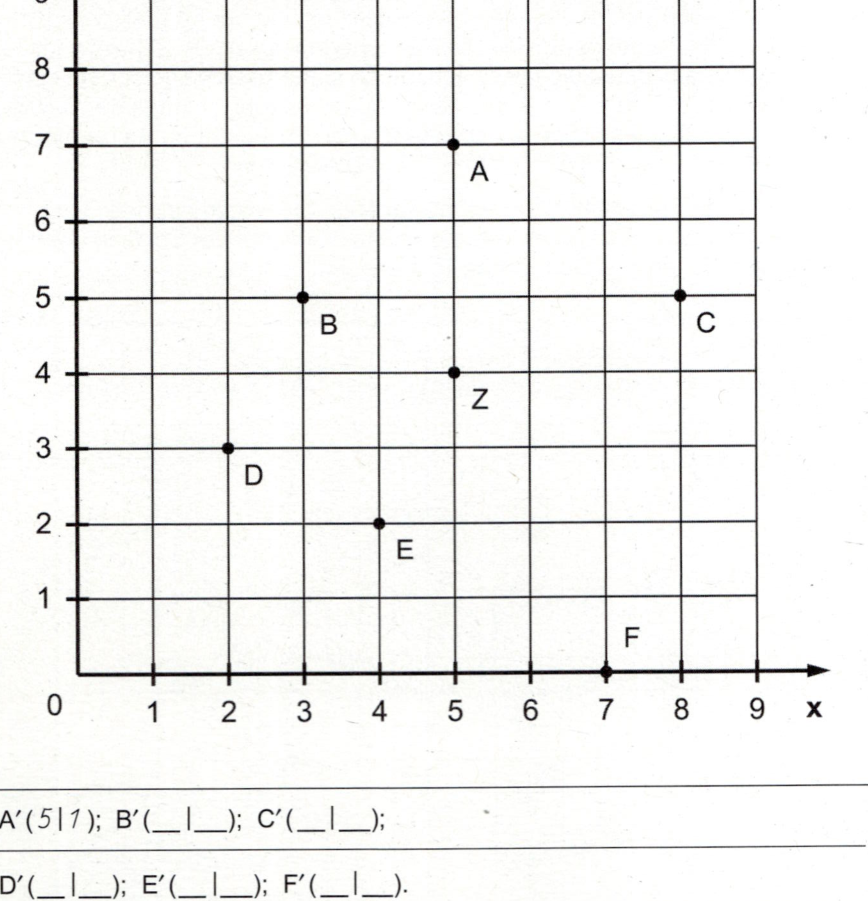

A′(5|1); B′(__|__); C′(__|__);

D′(__|__); E′(__|__); F′(__|__).

Name: _______________________

Spiegele die Figuren jeweils an Z.

a) b) c) d) e) f)

Name: _______________________

Spiegele die Dreiecke jeweils am Punkt Z.

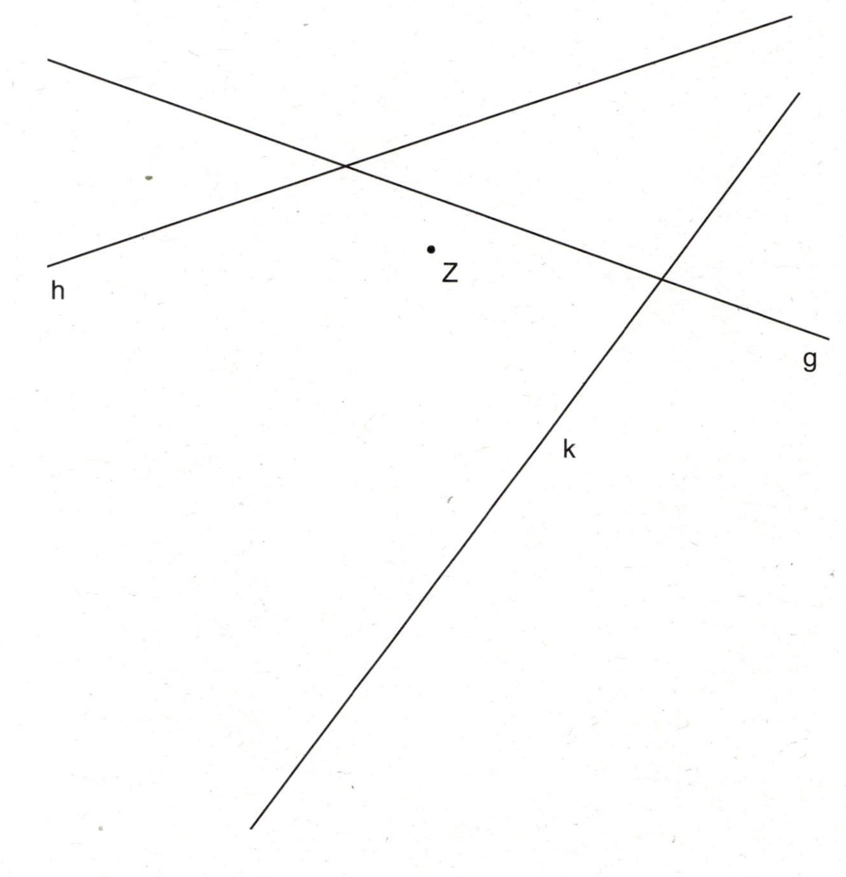

a)

b)

c)

d)

e)

83

Name: _______________________

Spiegele die Geraden g, h und k am Punkt Z.

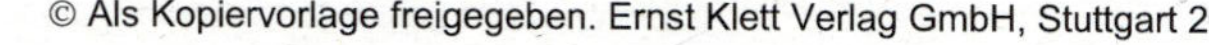

Übung 1

$A´(5|1);\ B´(7|3);\ C´(2|3);\ D´(8|5);\ E´(6|6);\ F´(3|8).$

Übung 2

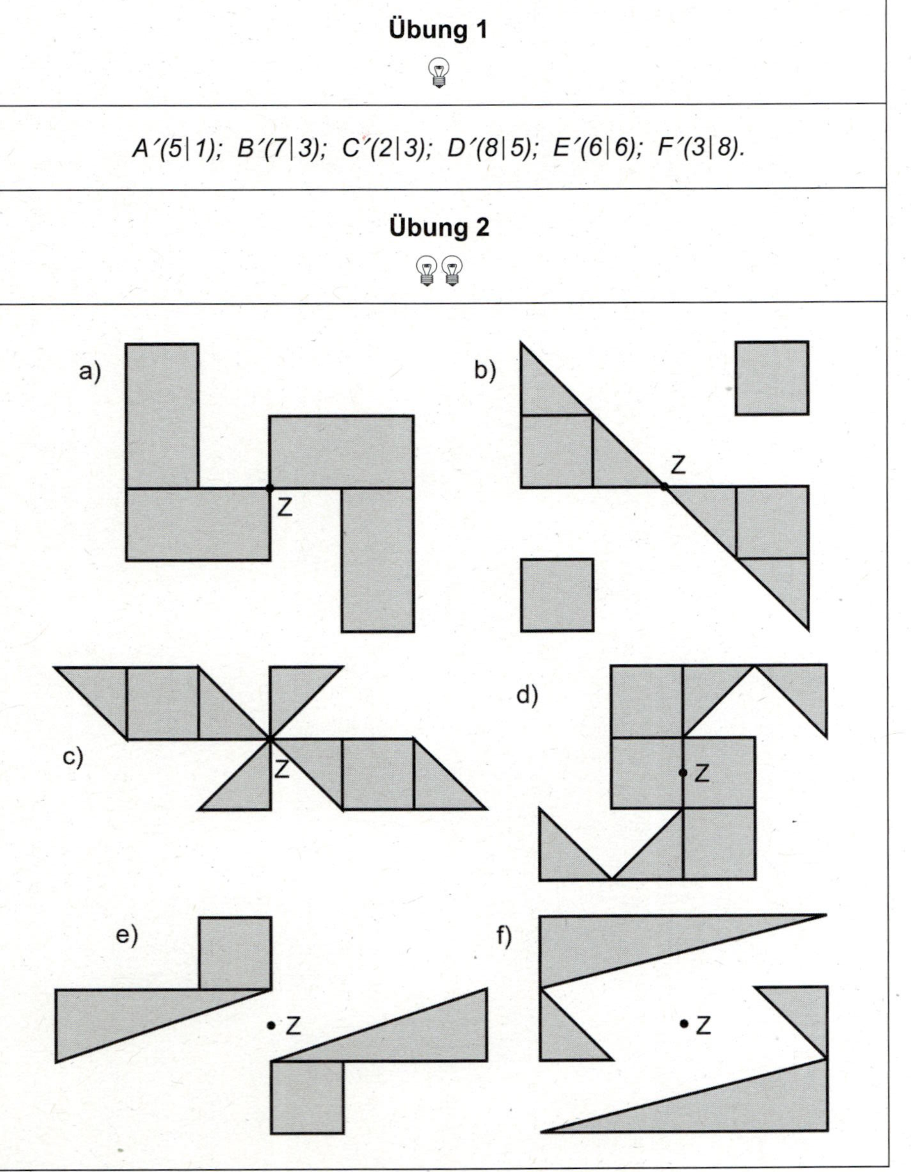

Übung 3

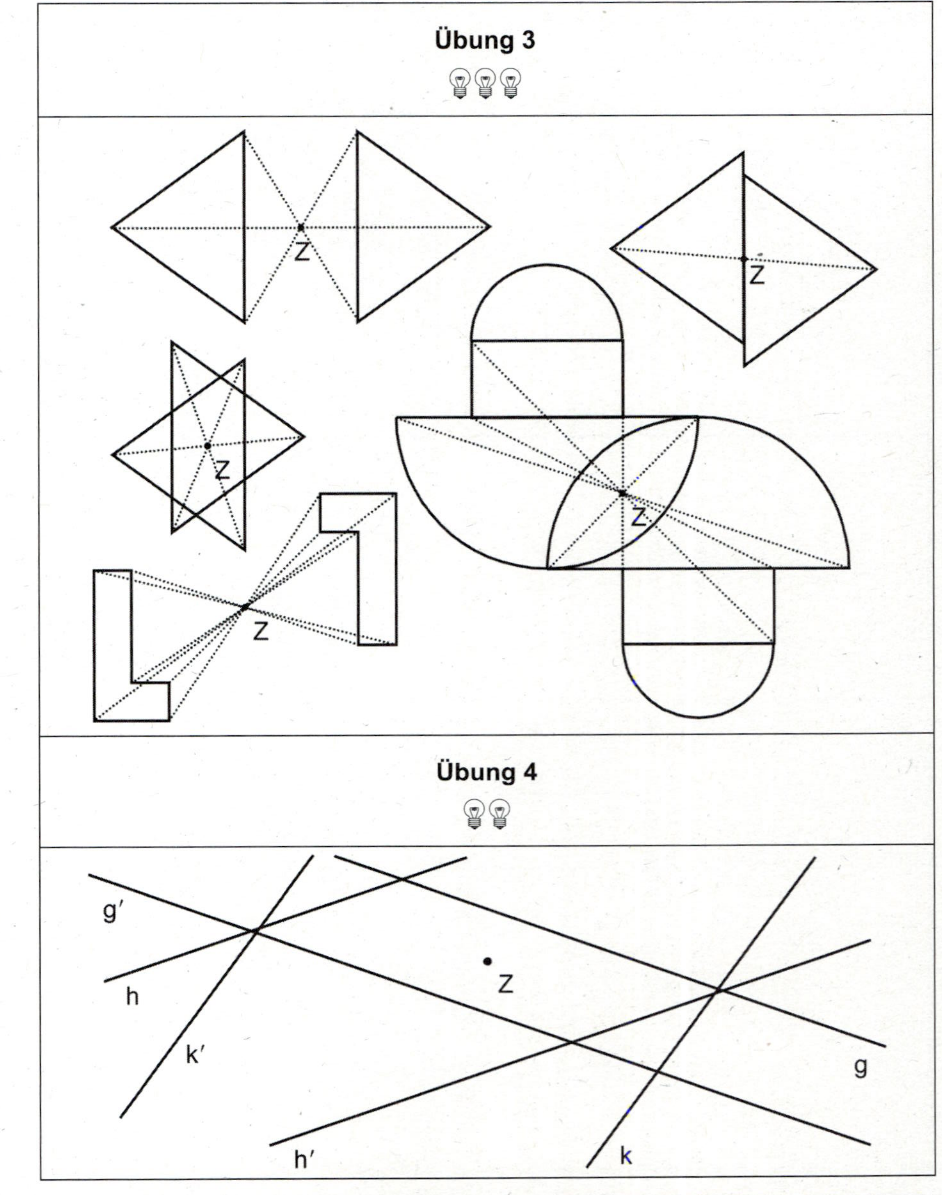

Übung 4

V-3 Verschieben – Drehen um einen Punkt

Info

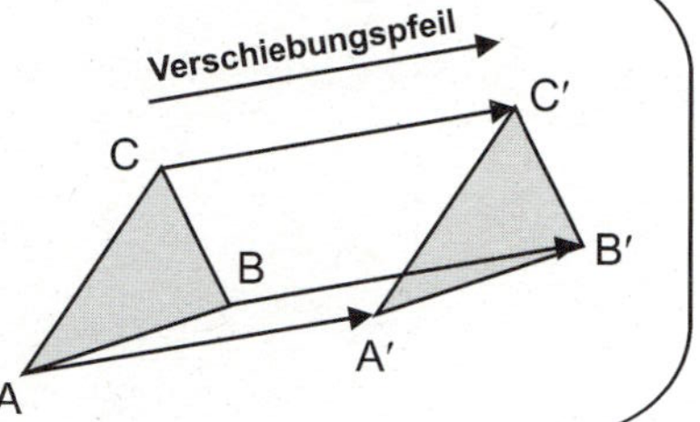

Verschieben

Um eine Figur zu verschieben, zeichnen wir an jeden Eckpunkt der Figur einen Pfeil, der parallel zum vorgegebenen Verschiebungspfeil und genauso lang wie dieser ist. Durch die Verbindung der Pfeilenden erhalten wir die Bildfigur.

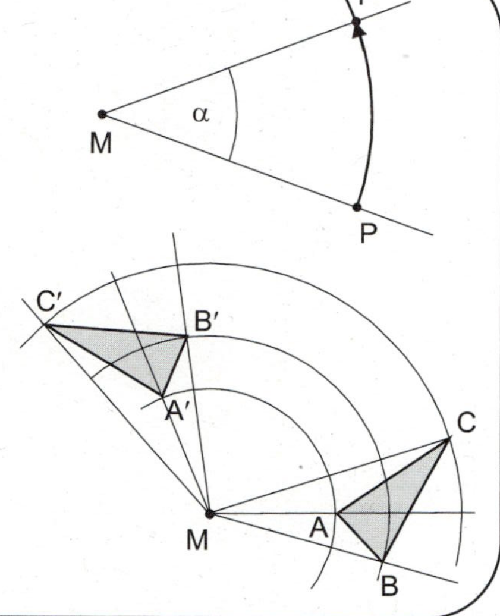

Drehung um einen Punkt

Um einen Punkt P um einen Punkt M mit dem Winkel α, dem Drehmaß, zu drehen, zeichnen wir zunächst eine Gerade durch M und P und um den Punkt M, dem Drehzentrum, einen Kreisbogen. Anschließend tragen wir den Winkel gegen den Uhrzeigersinn ab.

Um ein Dreieck, ein Viereck oder eine andere Figur um einen Punkt zu drehen, müssen wir zunächst jeden Eckpunkt der Ausgangsfigur drehen. Die Bildfigur erhalten wir dann, wenn wir die einzel-nen Bildpunkte miteinander verbinden.

V-3 Verschieben – Drehen um einen Punkt

Spiel: Die Fehlerparade

Spielbeschreibung

Das abgebildete Muster soll verschiebungssymmetrisch sein. Leider befinden sich fünf Fehler im Muster. Gib die fehlerhaften Felder an.

	A	B	C	D	E	F	G	H	I	J
1										
2										
3										
4										
5										
6										
7										
8										
9										
10										

Fehler:

Übung 1

Name: _______________

Zeichne die Bildfiguren der „Gesichter", die bei der durch die Pfeile angegebenen Verschiebungen entstehen.

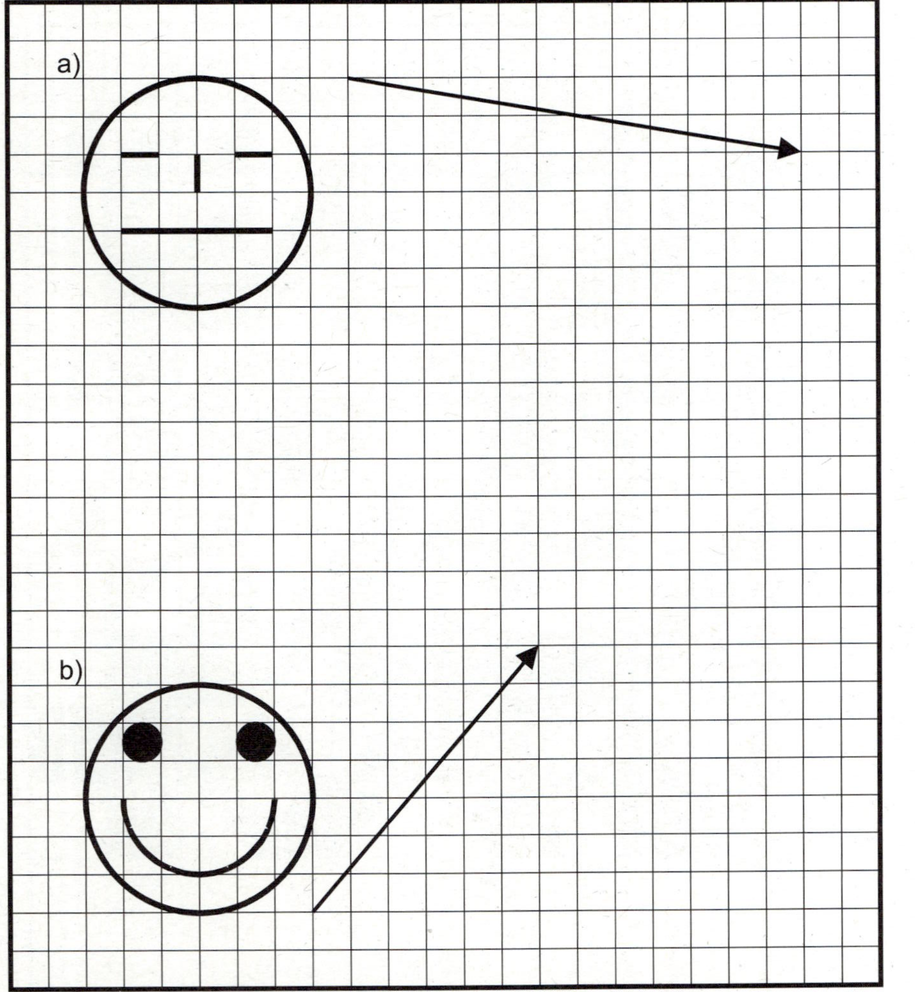

a)

b)

Übung 2

Name: _______________

Um wie viel Grad müssen die abgebildeten Figuren mindestens gedreht werden, damit sie auf sich selbst abgebildet werden?

a)

b)

c)

d)

e)

f)

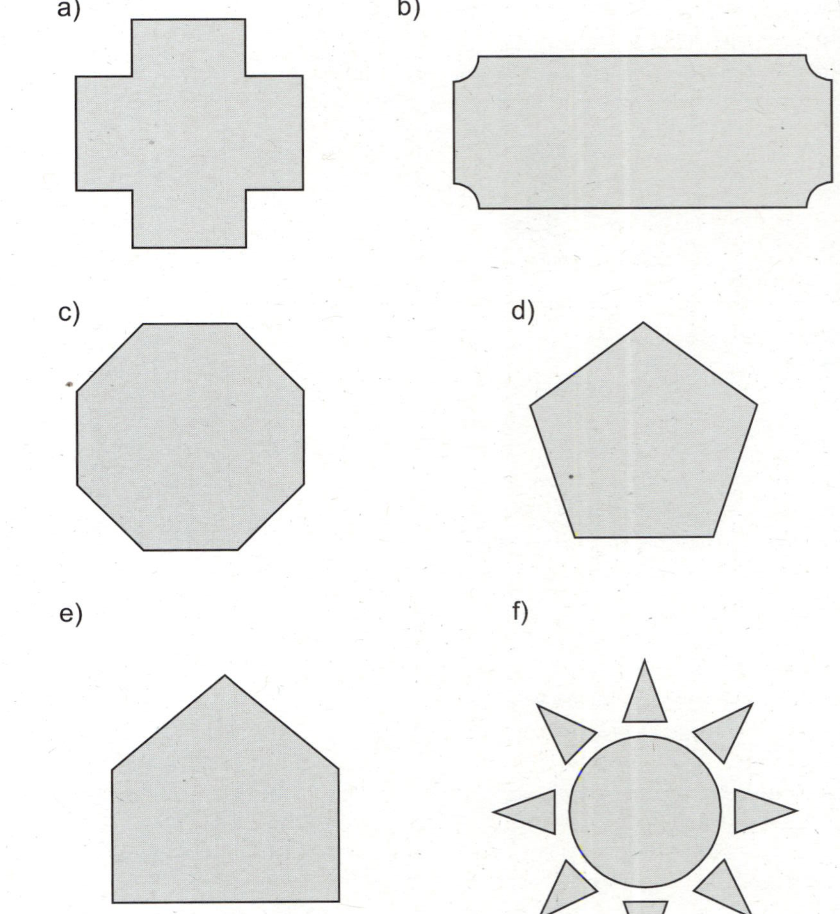

Übung 3

Name: _______________

Vervollständige die drehsymmetrische Figur und male sie anschließend so aus, dass sie bei einer Drehung um 90° wieder auf sich selbst abgebildet wird, bei einer Drehung um 45° aber nicht.

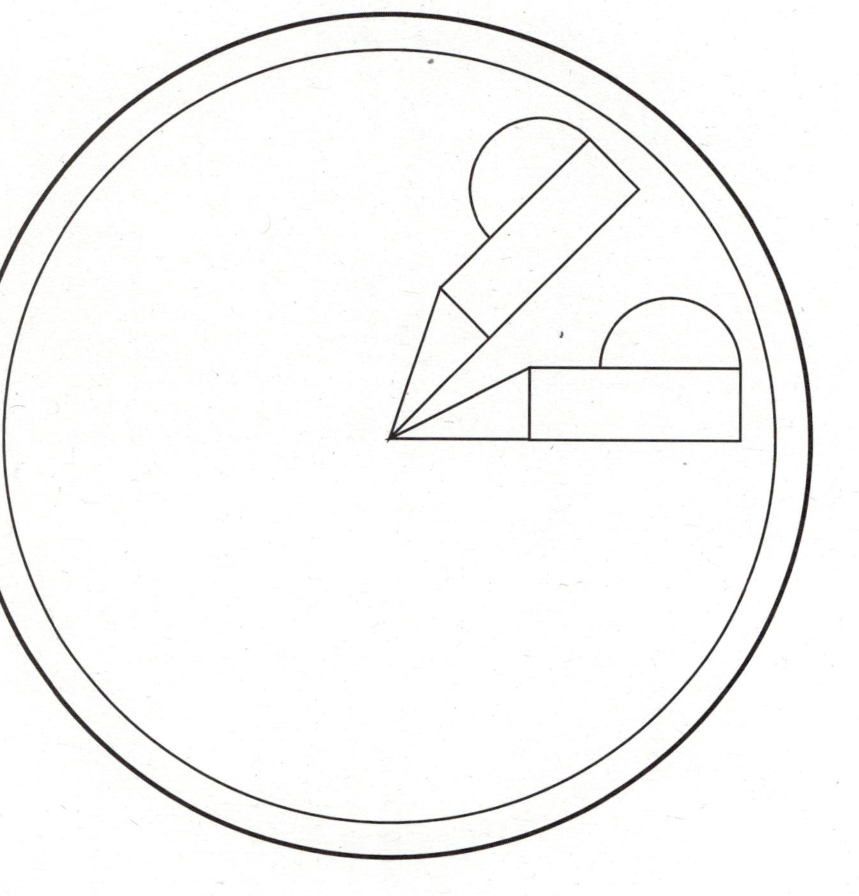

Übung 4

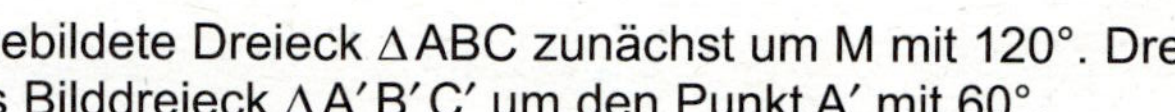

Name: _______________

Drehe das abgebildete Dreieck $\triangle ABC$ zunächst um M mit 120°. Drehe anschließend das Bilddreieck $\triangle A'B'C'$ um den Punkt A′ mit 60°.

Übung 1

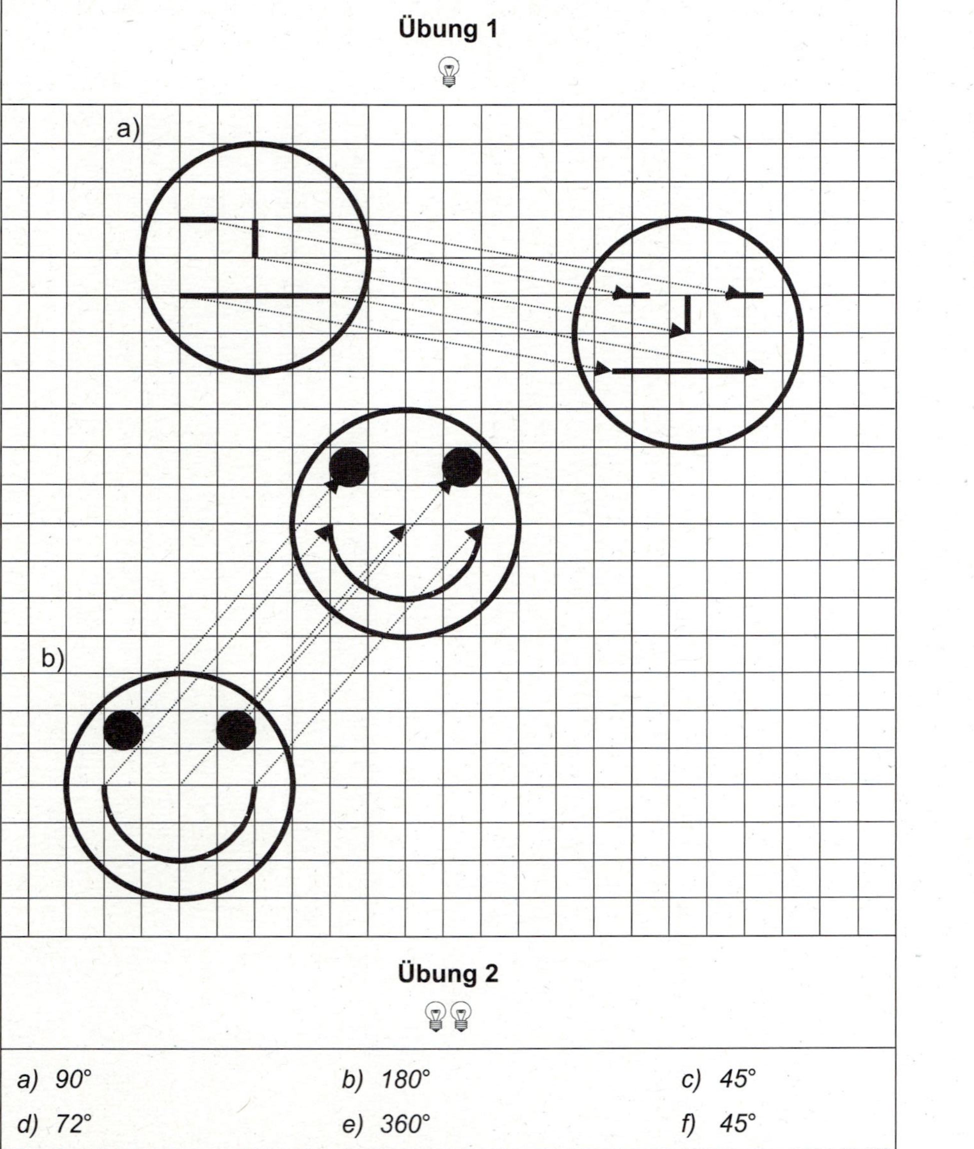

a)

b)

Übung 2

a) 90°   b) 180°   c) 45°

d) 72°   e) 360°   f) 45°

Übung 3

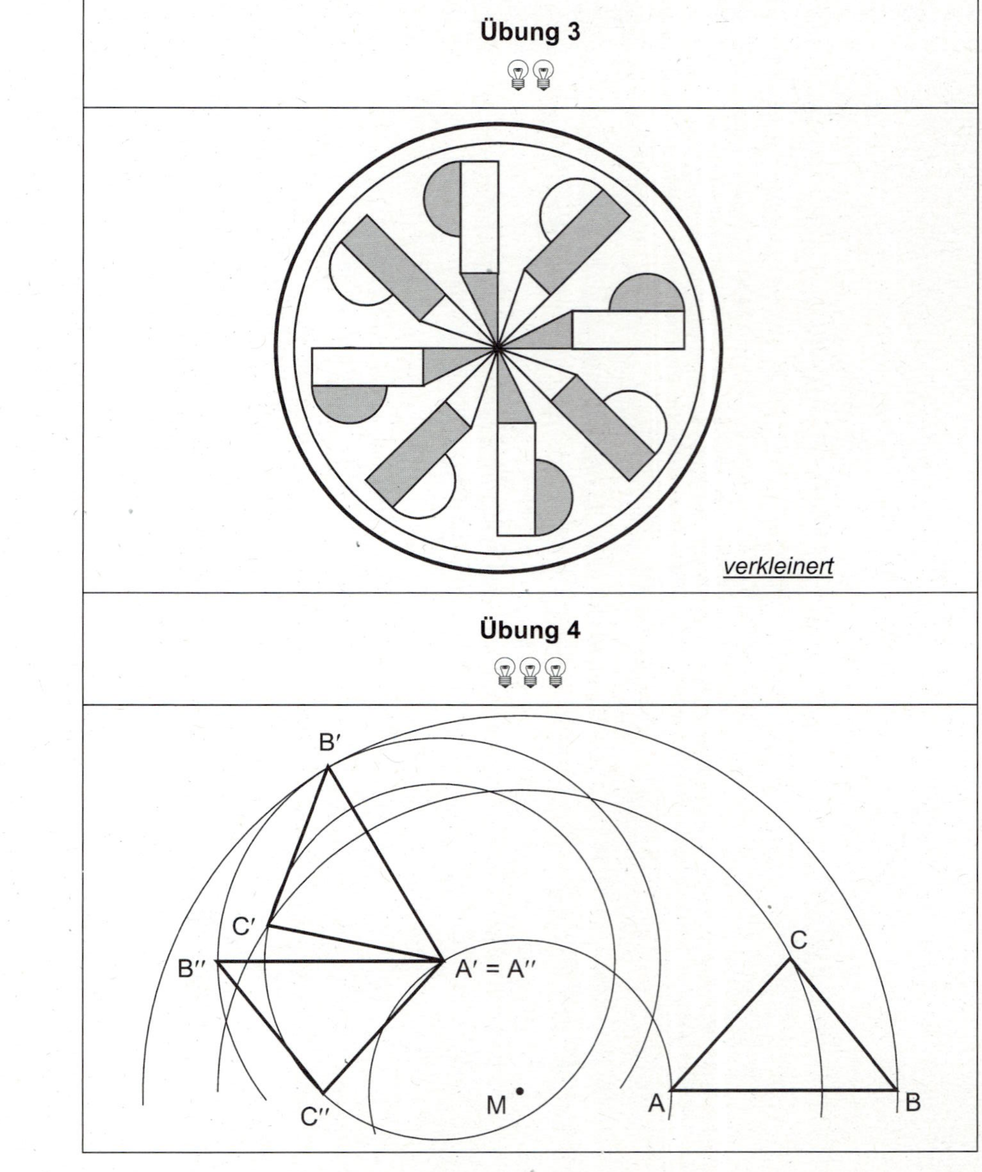

verkleinert

Übung 4

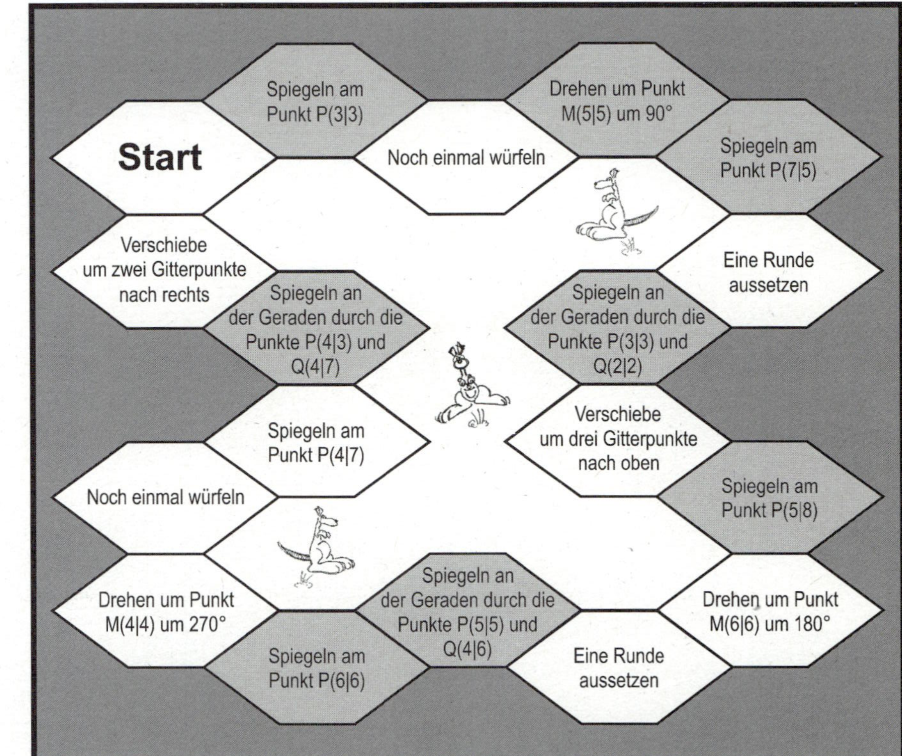

89

Spielbeschreibung

Dieses Spiel könnt ihr zu zweit oder dritt spielen.
Zur Vorbereitung müsst ihr ein Gitter (15 × 15) erstellen, auf dem ihr die Gitterpunkte (4|4), (4|5), (5|4) und (5|5) farbig markiert; diese Gitterpunkte stellen die Tränken des Kängurus dar. Anschließend stellt jeder Spieler eine Spielfigur (das Känguru) auf einen beliebigen Punkt auf der Rechtsachse und eine Spielfigur auf das Startfeld des unten stehenden Spielbretts.

Der erste Spieler eröffnet das Spiel, indem er mit dem Würfel die Anzahl der Felder bestimmt, die seine Spielfigur auf dem Spielbrett ziehen darf. Auf dem Zielfeld ist eine Anweisung verzeichnet, die er mit seiner anderen Spielfigur durchführen muss, solange die Spielfigur innerhalb des Gitters verbleibt. Dies wird so lange fortgesetzt, bis ein Känguru eine Tränke gefunden hat.

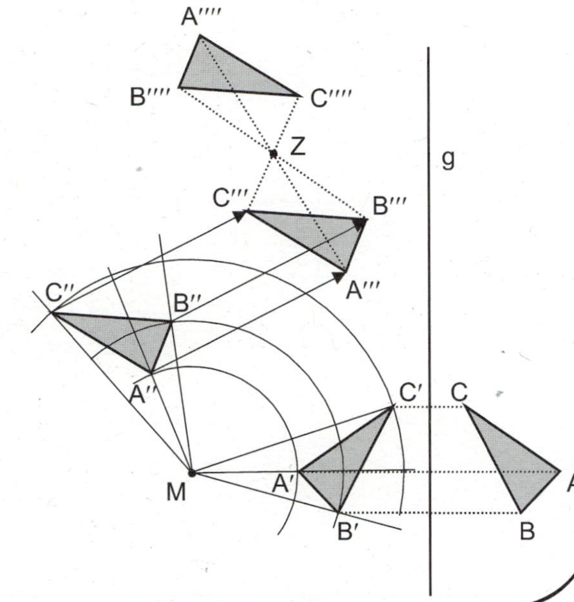

V-4 Verkettung von Abbildungen

Übung 1

Name: ___________________________

Zeichne die Bildfigur des Gesichts, das zunächst durch den angegebenen Verschiebungspfeil v verschoben, anschließend an der Geraden g und danach am Punkt P gespiegelt wird.

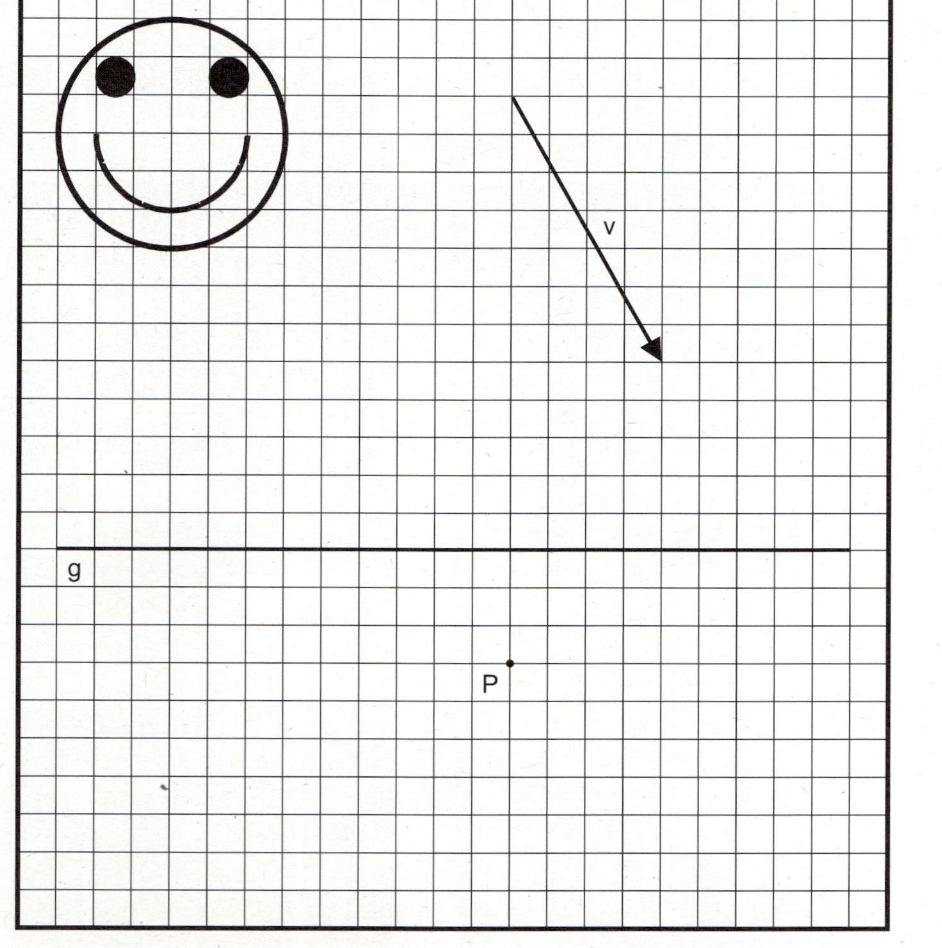

V-4 Verkettung von Abbildungen

Übung 2

Name: ___________________________

Zeichne in das abgebildete Gitter das Dreieck $\triangle ABC$ mit $A(1|1)$, $B(4|1)$ und $C(1|3)$. Verschiebe dieses Dreieck so, dass $A'(7|3)$ Bildpunkt von A ist. Spiegele das Dreieck anschließend an C', sodass das Dreieck $\triangle A''B''C''$ entsteht. Spiegele dieses Dreieck schließlich an der Geraden durch die Punkte A'' und C''. Wo liegen die Punkte A''', B''' und C'''?

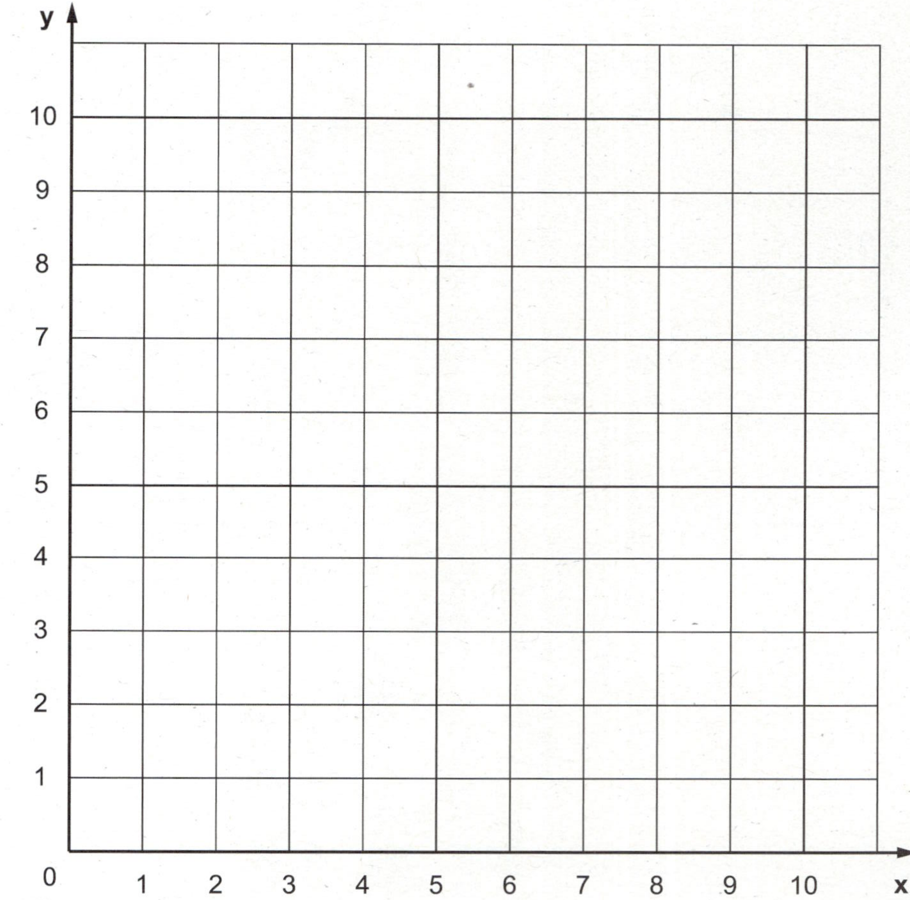

V-4 Verkettung von Abbildungen

Übung 3

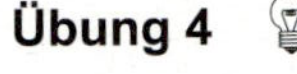

Name:

Zeichne in das abgebildete Gitter das Dreieck $\triangle ABC$ mit $A(1|1)$, $B(4|1)$ und $C(3|4)$. Führe anschließend nacheinander folgende Abbildungen aus: Spiegelung an der Geraden g, Drehung um M mit 90°, Spiegelung am Punkt P und Verschiebung um v. Bestimme schließlich die Gitterpunkte des letzten Dreiecks.

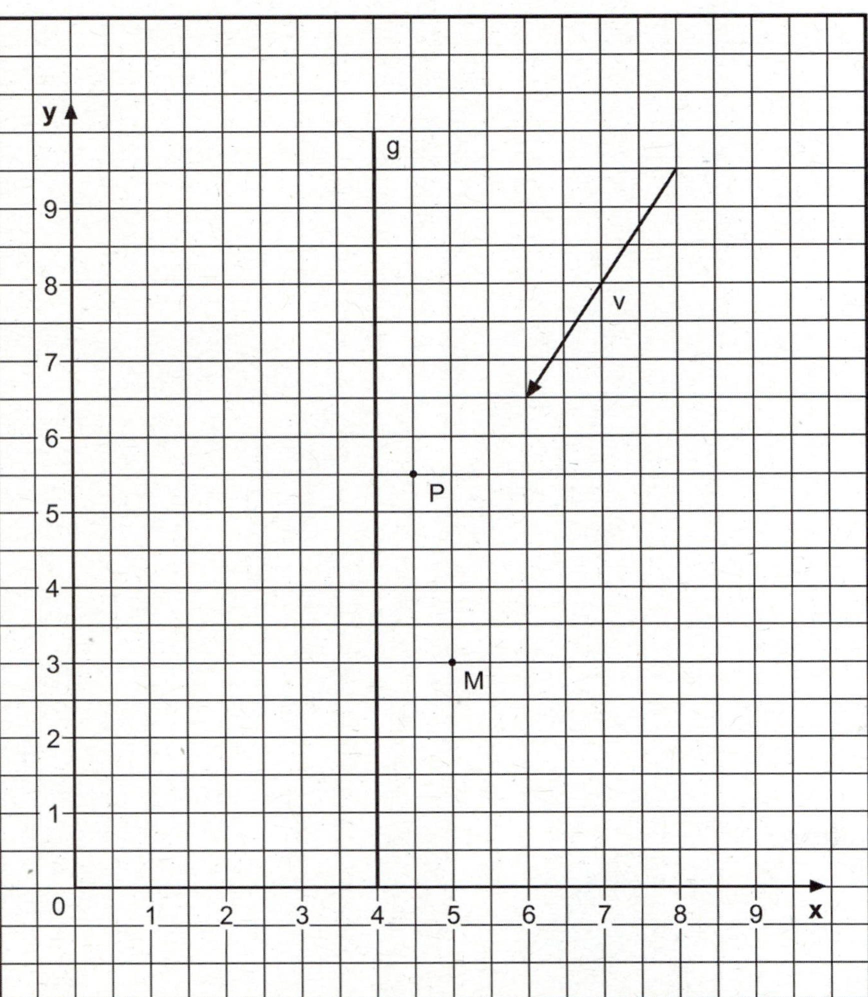

V-4 Verkettung von Abbildungen

Übung 4

Name:

Führe nacheinander folgende Abbildungen des grauen Dreiecks durch:

1. Spiegelung an Punkt P,
2. Spiegelung an der Geraden g,
3. Verschiebung um v,
4. Drehung um den Punkt M mit 45°.

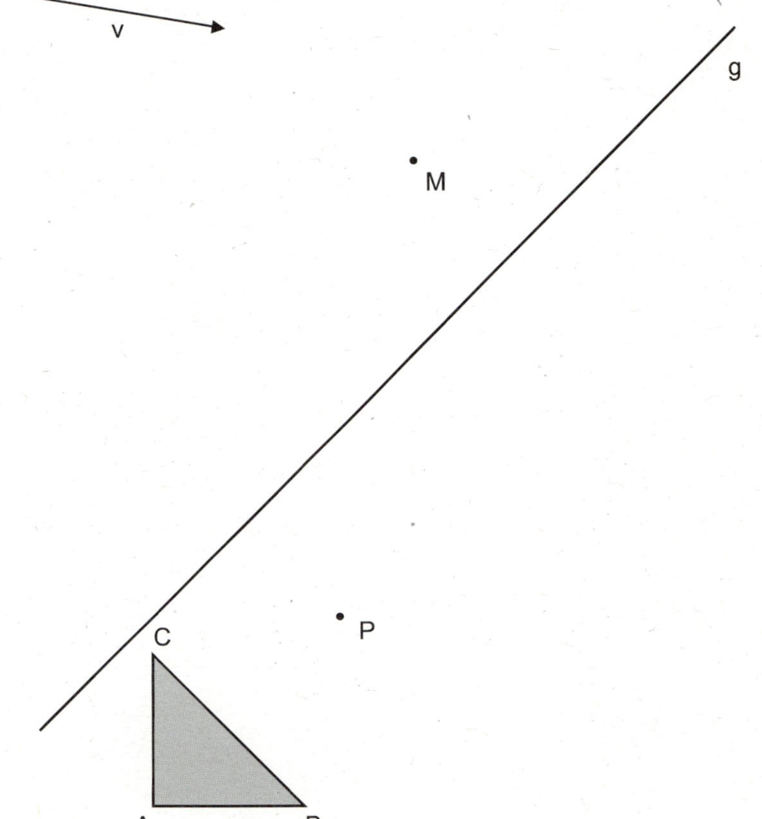

V-4 Verkettung von Abbildungen

Lösungen

Übung 1

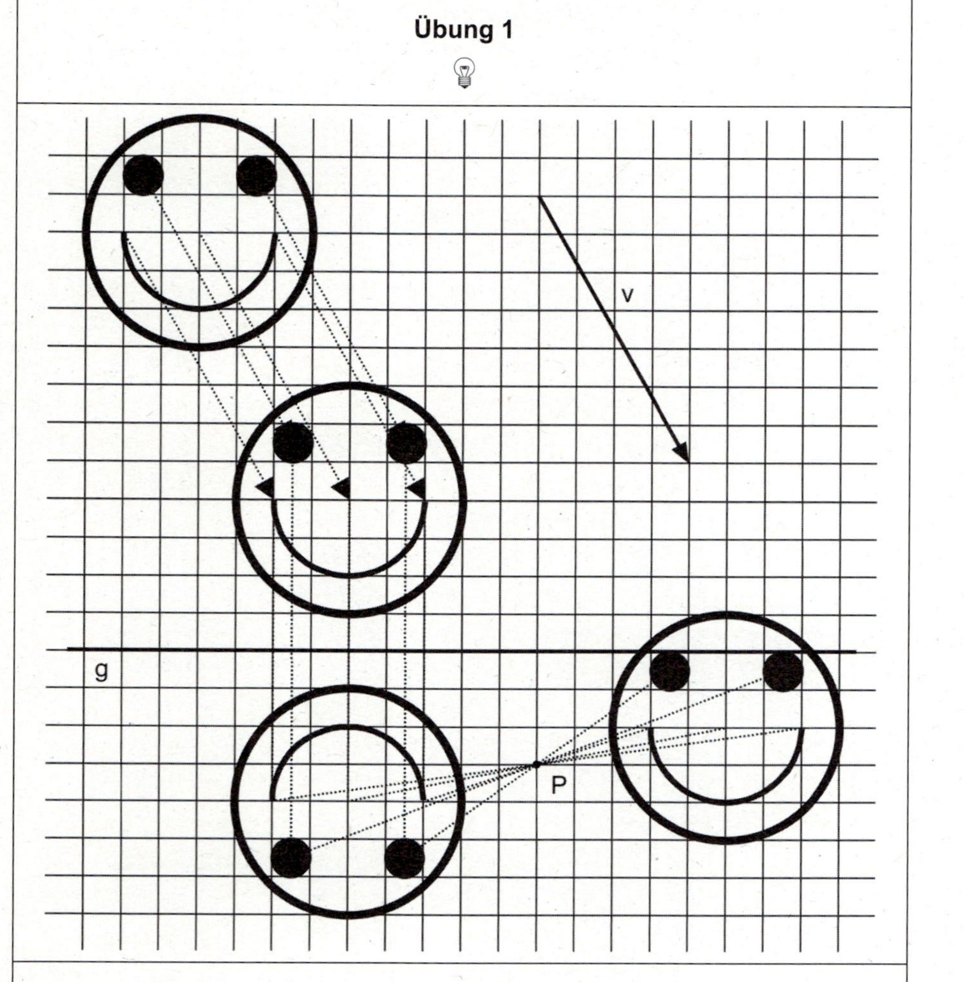

Übung 2

$A'''(7|7)$, $B'''(10|7)$ und $C'''(7|5)$

V-4 Verkettung von Abbildungen

Lösungen

Übung 3

$A''''(0|3)$, $B''''(0|6)$ und $C''''(3|5)$

Übung 4

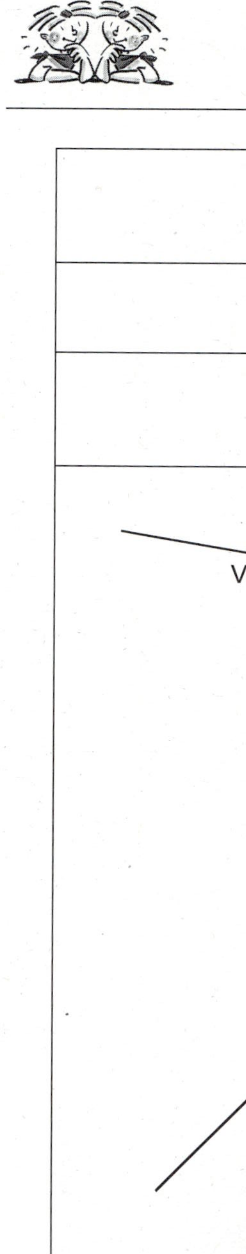

Lösungen für die Spiele

Lösungskärtchen

Herstellung der Lösungskärtchen

Das unten abgebildete Kärtchen wird zunächst kopiert und dann laminiert.
Nach dem Ausschneiden werden die grau unterlegten Kreise mit einem Locher
ausgestanzt. (Als Hilfe hierzu dienen die schwarzen Dreiecke am oberen und
unteren Rand.)

Bestimmung einer Lösung

Das Kärtchen wird mit dem links abgebildeten Pfeil an den entgegengesetzten
Pfeil auf der Lösungstabelle gesetzt. Dann lässt sich die Lösung durch die
Löcher ablesen.

Lösungen für die Spiele

Lösungstabelle

```
         S A K V J 2 V D N C H 8 J D N F Ö 6 J H J
         G E H F J U D R D K Z L L I Z D O D Ö H J
I-1  →   R 1 G D L 5 M H K   D M Ö M Q D G   D M V
I-2  →   R L R H K E J D L O L N Ö H Z B M A N V D R
II-2 →   J V F D G E L D Ü R W W F I G D Y N F D H K
II-4 →   P G T S H 1 U F Q G D 0 H   G A K H D Ä Ü 4
IV-2 →   D   R B T   N H V M Ä   H   A O J   Z G H
           G M E   K   G D D     K   L   Ä Q T
         C D Y W X E C Y B G Q U F L H T J E L A K R
         T E N H L L D Ü E D R T Z E H Z V   T F Z
         S W D H L E J E Q L W T Z   E Z R   T Ö Z
         T K M   D R N Z B E U U V Z   V B U C V X N
IV-2 →   N E M   J P V J B S K I X L B L H O G Ö F N
IV-3 →   6 C V 2 4 A D G V R D L V F G   N R S L 5 I
IV-4 →   H B 7 F 1 5 G D K C 5 7 H E 7 H 9 8 1 3
V-1  →   D   D D D   D D D W D   D   D D D   D D D
V-3  →   F G X D G   H B J Ä D C N   G Ö N   L C K
         B   T D Z   V   C U M     I N P   B Ü H
         2 E S 5 8 D 9 J D 8 3 R H I G F 4 C J G 1 H
         Q I   G W 6 E 6 R M Z J H 4 J 4 G   K H
         H   F E D   J Ü I D U     U 6 7   C 4 A
         0 G D 3 F 5 T 2   G F R K 4 G L   O 5 7 D 8
```

Ergebnis-Blatt   Datum ______________

Name: ______________________

Kapitel: ________   **Übung:** ________

Ergebnis-Blatt   Datum ______________

Name: ______________________

Kapitel: ________   **Übung:** ________

Name: ________________________

a)	
b)	
c)	
d)	
e)	
f)	
g)	
h)	
i)	

Lösungen

	Übung 1	Übung 2	Übung 3	Übung 4
a)				
b)				
c)				
d)				
e)				
f)				
g)				
h)				
i)				

Protokoll

Einheit	Blatt	💡 . . .	Datum	😐 zu leicht	🙂 genau richtig	🙁 zu schwer	Lehrer/-in
	Info						
	Spiel						
	Übung 1						
	Übung 2						
	Übung 3						
	Übung 4						
	Info						
	Spiel						
	Übung 1						
	Übung 2						
	Übung 3						
	Übung 4						
	Info						
	Spiel						
	Übung 1						
	Übung 2						
	Übung 3						
	Übung 4						
	Info						
	Spiel						
	Übung 1						
	Übung 2						
	Übung 3						
	Übung 4						

Protokoll

Einheit	Blatt	💡 . . .	Datum	😐 zu leicht	🙂 genau richtig	🙁 zu schwer	Lehrer/-in
	Info						
	Spiel						
	Übung 1						
	Übung 2						
	Übung 3						
	Übung 4						
	Info						
	Spiel						
	Übung 1						
	Übung 2						
	Übung 3						
	Übung 4						
	Info						
	Spiel						
	Übung 1						
	Übung 2						
	Übung 3						
	Übung 4						
	Info						
	Spiel						
	Übung 1						
	Übung 2						
	Übung 3						
	Übung 4